● パラグラフ内の文の基本配列 (p.81)

① 主題または結論
② 展開：説明，説明の説明，別表現，例示，変化・展開
③（結論）　※最後に「補足」を置く場合もある

● レポートの基本構成 (p.176)

表紙　（表題，所属，氏名）
概要
本文　1．緒言（背景，目的，目標）
　　　2．実験／調査方法／計算方法
　　　3．結果と考察
　　　4．結論／まとめ
　　　5．今後の進め方
引用文献

● 卒論の基本構成 (p.198)

表紙　（表題，著者の所属，著者氏名）
要旨
キーワード
目次
本文　第１章　緒言（研究の背景，研究の目的）
　　　第２章　実験（試料の作製，測定）／調査（調査方法）／シミュレーション（計算方法）
　　　第３章　結果と考察
　　　第４章　結論
謝辞
引用文献

理系のための
文章術入門

作文の初歩から，レポート，論文，プレゼン資料の書き方まで

西出利一 著

化学同人

はじめに

本書は，理工系学生および技術者・研究者(理系人)が科学技術文(本書では理系文という）を作成するためのガイドブックである．理工系大学の初年次教育における日本語作文教育でも使用できるようにしてある．

理系人にとって文章作成は重要である．書くのは苦手と，おろそかにしてしまってはいけない．学生なら実験レポート，卒業研究論文や修士・博士学位論文を書くし，社会人なら研究・実験報告書，論文や会議議事録など，理系文を書く機会は多い．これらは正確で論理的で簡潔に書かれていなければならない．わかりやすく過不足なく書くことも重要である．

しかし，そのような文章を書くことは意外に難しい．特に初心者には困難であることが多い．どう書いたらよいのか,思い悩むこともあるだろう．そのようなときに，ぜひ本書を読んでもらいたい．

本書は,「準備編」「基礎編」「実践編」「応用編」の４部で構成され,初心者でも無理なくステップを踏めるように配慮している.それ以外にも,文章作成が苦手な理系人でも抵抗なくスムーズに読めるように，以下のような工夫を凝らしている．

①重要な部分をカラーにして強調したり，ポイントを枠で囲むなどして，ビジュアルな誌面とし，内容をつかみやすいようにしている．

② 日本語の構成と特徴を述べ，次いで理系文の構成と特徴を，日本語文のそれと比較しながら述べ,両者の違いがわかるように配慮してある．

③理系文の構成と特徴を「理系文法」として体系化したので，理系文の書き方を体系的に困難なく習得することができる．

④理系人が書くさまざまなスタイルの文章（レポート・卒論・企業報告書など）を示し，書き方を具体的に解説した．いろいろなスタイルの文章に慣れ，それらを書くスキルを身につけることができる．

⑤多くの例文を示した．特に悪い例と改善例を示すことによって，陥りやすい問題点を知り，どうすればよいかを考えられるようにしている．

本書を活用することで，さまざまな理系文をうまく書くことができるようになれば，あなたの価値は高まり，周りから文章作成の達人と賞賛されることだろう．それは著者にとっても大きな喜びである．

最後に，本書の章構成やレイアウトなど多くの面で化学同人編集部の後藤南さんにたいへんお世話になりました．記して感謝いたします．

2015年2月

西出　利一

目 次

・準備編・

理系人に必要な文章術とは

第1章

理系人の活動と文章作成

1.1 理系人と文章——理系文とは

人は何かを伝えたい動物である．何か新しいことを知るとそれを誰かに伝えたくなる．思いを黙って胸にしまい込んで誰にも知らせない人は，ほとんどいないだろう．サッカーの試合であなたが応援しているチームがすばらしいプレーをすれば，それを友人に話したいだろう．おしゃれなレストランでおいしい食事を楽しめば，その料理を写真に撮って，ひとこと添えて写メールしたりブログにアップしたりしたいだろう．このように私たちは，伝えたいことを声に出して話したり，ペンを取って紙に書いたり，キーボードを打って電波に乗せて知らせたりする．ときには，図や表にまとめて説明したり，身振り手振りもまじえたりして，人によりよくわかってもらえるように努める．

もちろん理科系の人(理系人)も例外ではない．どんな人でも，誰とも関わらずに単独で勉強，研究や仕事を進めることはできない．多くの人と関わり合ってそれらをこなしており,得られた成果を文章にして同僚や上司,ときには組織外の人に伝える場面が必ずある．たとえば，それぞれの組織では，次のようなケースが考えられる．

① 大学

・専門分野の勉強過程で文章を書く．
・講義では課題が与えられてレポートを書き，教官に提出する．
・実験・実習科目では実験・実習レポートを要求される．卒業研究論文も執筆する．

② 大学院

・学会発表要旨，月度報告書や論文を書く．

・修士学位論文や博士学位論文を執筆する．

③ 企業や研究機関

・仕事は研究・開発・生産・営業など多岐にわたるが，そのすべてで成果を文章にまとめて上司や関係者に報告する．

このように，理系人はある目的をもって，何かを成し遂げるために活動し，成果を文章にまとめて関係者へ報告する．口頭で報告する場合も，簡潔なレポートを付けて報告すれば効果は倍増する．

本書ではこのような自然科学とその応用に関するさまざまな文章を理系文と呼ぶ．別の言葉で言えば科学技術文である．

1.2 何のために書くのか

上で述べたように，理系人は多くの文章を書く．何のために書くのか？ひとことで言えば，あなたの行ったことが読み手に伝える価値があると判断した場合に，それを関係者に知らせたり，判断をあおいだりするためである．具体例を，いくつかのケースに分けて挙げてみる．

① 成果を報告するために

あなたの活動成果を関係者(多くは教官，上司・同僚・部下)に報告する．その人たちに，自分が上げた成果をわかってもらい，自分を認めてもらいたいという希望もある．

② 情報を共有するために

関係者と情報を共有して，共通認識をもてるようにする．あなたが行ったことを関係者が理解していれば，次のステップに支障なくスムーズに進める．

③ 判断・決断をしてもらうために

報告したことに対して，関係者(教官や上司)に判断や決断をしてもらう．あなたが行ったことは，それでおしまいになるのではなく，次のステップに進むのだ．だから，報告したことにもとづいて右か左か進む方向を決めねばならない．それを促すのである．

④ 人類共通の知識にするために

成果を人類共通の知識とする．研究機関における新しい知見とは研究成果のことである．機密事項を除けば，全世界にそれを知らせたい．それにより私たち人類の知恵を増大させると同時に，人類と地球の持続的発展に寄与できる．

⑤ 業績を上げるために

企業では，仕事をスムーズに進め業績を上げることは重要である．企業人の活動は利益を上げるために行われるからだ．だから，企業人が書く文章は①～④も含めてそれに何らかの形で寄与すべきである．

このようにあなたの置かれている状況に応じ，さまざまな目的をもって理系文は書かれる．

1.3 文章を書くということ

人は，頭の中にある読み手に伝えたいことを，言葉にして表現する．言葉を積み重ねて文をつくる．文を集めてパラグラフを構成する．パラグラフを論理的に集めて文章をつくり上げる．それが文章を書くということである．

書くべき内容がはっきりしているなら，文章を書くことはモンタージュ写真をつくることにたとえられる．その手順は大きくいうと次の3段階に分けられる．

① 構成

まず目，鼻や口などをどのように配置するかを決める．これは，文章の論理をどのように組み立てるかに対応する．すなわち，パラグラフの構成と順序をどのように組み立てるのか，を考えることである．

② 叙述

次はどのような目や口であるかを示す．パッチリした目，クリッとした目などいろいろな目のなかから最も合致したものを選ぶ．これはパラグラフをどのように書くのか，に対応する．何を強調してどのように表現するのか，主語をどうするか，述語は何を選ぶか，修飾語はどうするか，それをどのような順序で書くか，などを決めていく．

③ 推敲

目や口など（パラグラフ）を顔に配置して検討する．顔全体を見て自分の思い浮かべていることと一致しているか調べる．多くの場合は一致しないので，目を変えたり配置を変えたりして，自分の思いと一致させる．このプロセスが推敲である．推敲しないとナポレオンにしようと思った顔がガリレオになってしまうかもしれない．それでは目的は達成されない．だから推敲は必須である．

しかし，書くべき内容がはっきりしていないこともある．実際に文章を書くときには，むしろこのケースのほうが多いだろう．もし，目が潤んでいるのか細目なのかはっきりしないのなら，鼻や口も含めた顔全体を見ながら考えるとよい．そして書いてみる．文を書きながら考えると人間の思考は進むから，目についていろいろと文を書き，どのような目なのかを浮かび上がらせていく．つまり，頭の中でぼんやりと思っていることを，文を書きながら少しずつはっきりさせていくのである．文を書くことによって，漠然と思い浮かべていることが明確な思考に変わり，具体的な像として頭の中に現れてくる．そこまで行ったらようやく上のプロセスで文章を書く段階になる．

人の思考は言葉とともにあるのだから，文章を書くということは，思考を明確にしていくプロセスでもある．

1.4 よい文章とは

よい文章の条件を挙げておこう．どうすればこうした文章を書くことができるかを考えていくのが，本書のテーマである．

よい文章の条件 4箇条

① ストーリーがある

よい文章にはストーリーがある．何のために，何を行って，どんな結果を得て，何がわかったか，それがつながりよく書かれているものである．

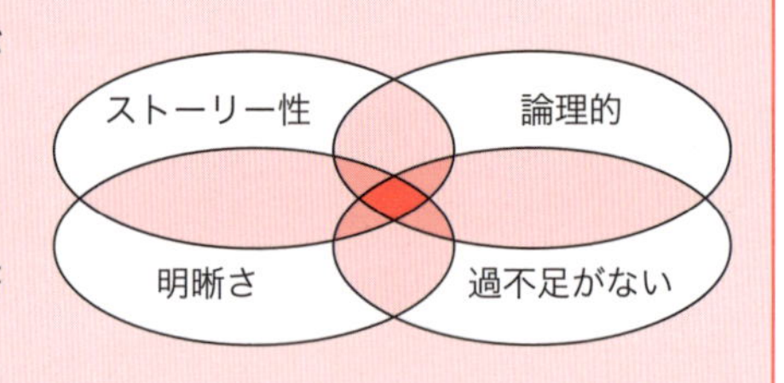

② 論理的である

ストーリーが論理的であると，声に出して読んだときに内容がスーッと頭に入ってくるものである．サーッと斜め読みしても十分に相手に理解してもらえる．

③ 明晰でわかりやすい

明晰でわかりやすいのもよい文章の条件である．伝えたいことが明確に書かれ，頭をひねって考えなくても書き手の言いたいことが伝わる．

④ 過不足がない

過不足なく書くことも重要である．伝えたいことが100%書かれている文章にしたい．書かれるべきことが欠けていると，意味のある文章を書いたとはいえない．一方，書く目的と読み手に関係のないことを書く必要はない．

1.5 デジタル時代の文章作成術

今から30年前なら，ペンを取って紙に書き，定規をあてて線を描くというアナログの時代だった．21世紀のいま，パソコンが発展し，軽いノートパソコンやタブレットも出回っているデジタル時代である．それらを用いると，手書きよりはるかにきれいで体裁のよい文章が書ける．デジタルツールを使わない手はない．

そして，文章を書く場所も選ばなくなった．自宅やオフィスだけではない．カフェでもどこでもその気になれば，ノートパソコンやタブレットを開いてキーボードを打ったり画面をタッチしたりして文章が書ける．それを関係者に送信することも簡単だ．「ワード（Word）」などのワープロソフト，「エクセル（Excel）」などの表計算・グラフ作成ソフトや「パワーポイント（PowerPoint）」などのプレゼンテーションソフトを活用するのはあたりまえである[*1]．

だが，パソコンの前に座って，いきなりパチパチとキーボードをたたいていって文字を連ねることが文章作成ではないし，それでよい文章が書けるわけではない．パソコンはあくまでもツールである．それをうまく使いこなす技術を身につけてこそ，わかりやすい文章を書くことができる．

実は，デジタルツールを使いこなすだけでなく，アナログ的方法も併用するとさらに効率がアップし，上手な文章が短時間で書けることも知っておきたい．

それも含め，本書では，デジタルツールの活用法について，第8章で取り上げるほか，必要な箇所で随時説明していく．

*1　ここで挙げたソフトは，マイクロソフト社の「オフィス（Office）」に入っている．アップル社の対応するソフトは「アイワーク（iWork）」に入っており，それぞれ「ページズ（Pages）」，「ナンバーズ（Numbers）」および「キーノート（Keynote）」である．

コラム その1

文，文章，文書

文，文章と文書の区別は厳密ではない．本書ではそれらを以下のように考えておく．

◆文(センテンス)

ひとまとまりの言葉からなっており，書き手の主張を言い表すものである．一般的には，1つの文には1つのことがらが記述され，「主語」と「述語」からなり，句点「。」またはピリオド「．」で終わる．

ただし，文章や文書も文と言い表すときがある．

◆文章

いくつかの文を一定のルールにより配列して構成したものをいう．複数のパラグラフから構成されており，図表や図解が含まれることもある．書き手が読み手へ伝えたいことがらが記述されている．

ただし，1つの文を文章というときもある．

◆文書

ある一定の形式をもった文章である．たとえば，報告書，論文や会議議事録などがその例である．

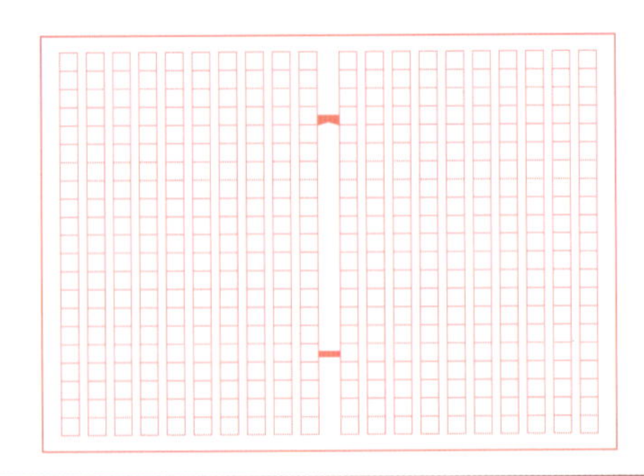

第2章

日本語文の特徴と構成

私たちはふだん日本語を使って違和感なく会話をし，文章を書いている．しかし，その日常の感覚で理系文を書くとなんだかぎこちなく，先生や上司から赤ペンを多く入れられ途方に暮れることもあるだろう．その原因は，いつも使っている日本語の言い回しと，理系文で要求される表現方法との違いにある．さらに突き詰めると日本語（日本人）の通常の発想と自然科学の発想との違いである．どこがどう違うかを認識しないと，いつまでたってもうまく理系文を書くことができない．理系文と日常の日本語文との違いを知ることは，正確で論理的な理系文を書くための前提条件なのである．

そこで，理系文の書き方を述べる前に，本章でまず日本語文の特徴と構成を述べる．次の第3章では，理系文の特徴と構成を，通常の日本語文と対比させながら説明する．

2.1 日本語文の特徴と構成を知ろう

日本語は以下の特徴をもっている[*1]．

2.1.1 文節がつながって文ができる

日本語文は特徴的な文体をもっている．日本語文において文を構成する単位は文節である．文節は，「文の中で息を切ることのできる言葉のひとつながり」であり，単語＋助詞または単語だけからなる．文節は，主語，述語，目的語や補語などの役目を果たし，文に意味をもたせる[*2]．

---

*1　金田一春彦『日本語の型（金田一春彦著作集 2）』，玉川大学出版部，2004 年，p.625-646
*2　日本語文法では，主格，述語，目的格や補格と記されることもある．

文節がつながって文ができる例

台風が　東海地方に　上陸した．

この例では，名詞「台風」に格助詞「が」が付いて「台風が」という文節になり，主語となる．「上陸した」は，「上陸」という名詞に，動詞「する」の連用形「し」と過去を表す助動詞「た」が付いた文節であり，述語である．「東海地方に」は「東海」「地方」（名詞）に格助詞「に」が付いた文節で，「上陸した」の目的語である．

文節がつながって文ができることが，日本語の大きな特徴である．単語に助詞が付いたものが文節というひとかたまりになり，それがつながる．あたかも助詞が膠（にかわ）として単語に付いて文節を膠着（こうちゃく）させるようなので，日本語は膠着語（こうちゃくご）と言われる．

2.1.2　主要部が後ろに置かれる

日本語は主要な部分が後ろに置かれる（主要部後置）．これは日本人のものの考え方の根源に関わる（p.24 コラム参照）．その典型は，述語が文の最後に置かれることである．文とは，あることについて，それが「どうした」「どんなだ」ということを読み手に伝えるものである．日本語文では「どうした」「どんなだ」が文末に来るから，文の最後まで読まないと言いたいことがわからない．上の例でも，「台風が」と言われて，「台風がどうしたのか？」と感じつつ読み続けると，「東海地方に」となるので，場所がわかり，最後に「上陸した」が出てきて，ようやく文の意味が理解できる．

文が長いと主語と述語が離れるケースも多い．そのようなときは，「何が」を意識しつつ文を読まないと述語を理解できなくなるので，注意が必要である．これは文を書くときも同様である．

修飾語と被修飾語との関係も，主要部後置である．上の例文で「台風」が大きいことを表す場合，「大きな台風」という．「大きな」という修飾語は，被修飾語である「台風」の前に置かれる．「台風大きな」は日本語では意味をなさない．

名詞と助詞[*3]の関係も主要部後置である．「台風が」の「台風」と「が」のどちらが主要かというと，「が」である．意外に思うかもしれないが，「が」は主語を示す格助詞で，「台風が」という文節が主語であることを示す．「が」がなければ「台風が」がこの文の主語であることがわからない．「東海地方に」の「に」は格助詞で，動作・作用の行われる時や場所を表す．その結果，「東海地方に」が目的語であることがわかる．このように文節のなかの助詞は，文節の役割や文における位置づけを示す．助詞の使い方を間違えると日本語文は意味をなさなくなる．下の例は意味のない日本語文である．

助詞を間違えたので意味をなさない例　悪い例

台風に東海地方が上陸した．

主要部後置という特徴は，理系文を書くときには有利な点と不利な点があるが，その特徴をうまく使うとわかりやすい理系文を書くことができる．

2.1.3　基本的な文型をもつが，形式は厳密ではない

日本語文が英語のような基本文型をもつかどうかは議論の分かれる点である．文の分類も研究者により異なる．しかし，一般的な文型があると認識すると，わかりやすい日本語文が書ける．特に理系文では基本的な文型を認識しておくのがよい．なぜなら，理系文では，常に「何が」について，それが「どうした」「どうなのだ」を記述するからである．英語と同様に「何が」を表現する「主語」を立て，それに「述語」「補語」「目的語」などが付く文型があると考えると，構造をつかみやすくなる．

とはいえ，日本語文では文節の配列（語順）は厳密に規定されておらず，語順を変えても意味に大きな差異が出ないことが多い．これは日本語が膠

*3　いわゆる「てにをは」である．

着語であり，文節内の助詞が文節の役割を決めるためである．文節を文のどこに置いても意味がわかるのである．ただし，ニュアンスは異なる．

語順を変えるとニュアンスが変わる例

(a) 台風が東海地方に上陸した．

(b) 東海地方に台風が上陸した．

上の(a)，(b)はいずれも日本語として問題なく読めるが，ニュアンスは少し異なるであろう．日本語は書き手の微妙なニュアンスをうまく伝えることができる便利な言葉なのである．

2.1.4 語句を省略できる

日本語文では，書き手と読み手が了解していると認識できれば，語句を省くことができる．主語は省略されることが多い．補語，目的語や述語も省略できる．日本人は，お互いがわかっていることはいちいち言葉にしなくても理解できると考えるのである．

しかし，困ったことも起こる．書き手がこれを省いても通じるだろうと憶測して省略すると，書き手の言いたいことが読み手に伝わらないことがある．舌足らずの文章になってしまうのだ．

語句を省略した例

ついに上陸しました．

話題になっている「台風」や「東海地方」をお互いに了解しているのなら，これで意味は通じる．しかし，相手がこれらを了解していないと，「えっ？何がどこに？」と聞き返されることになる．

2.1.5 あいまいな言い方を好む

日本語は断定的な言い方を嫌い，あいまいでぼかした言い方を好む．「〜

とか」,「～みたいな」は現代の典型的なあいまい表現である.「携帯とかもって行く」と言うのは,「携帯をもって行く」と断定的に言いたくないからだ.確かに携帯電話のみではなく，ハンドバックやカバンももって行くかもしれない．しかし，携帯電話のみもって行くときでも，やはり「携帯とか」なのだ.「気持ち悪い，みたいな」と言われて，「気持ち悪いのか悪くないのか,どちらですか？」とは誰も聞かない．話し手は「気持ち悪い」と思っているのだ．しかし，聞き手にとって気持ち悪いのかどうかわからないと心のどこかで感じている．そんなときに日本人は,「気持ち悪い」と断定的に言わず,「みたいな」と言うのだ．和菓子屋さんで大福を 2 個買いたいときに,「大福を 2 個ほどください」と言っても,「えっ？ 何個ですか？」とは店員から聞き返されず,ちゃんと 2 個の大福が包まれて渡される.もっとも日本人にはこんな難しい心理は働いていない．そのように言うものだと思っているので，まったく違和感を抱かない．

あいまい表現や婉曲表現は核心部分を述べるときにも使われる．大事なことはいろいろと述べた後に言う．しかし，その大事なこともはっきりと明言されないことが多い．朝食をきちんと取ることが一日の力の根源であると言いたいときに,「ちゃんと朝ご飯を食べないとねえ……」と言う．記憶力を高めるには十分な睡眠を取るべきだというときに,「よく寝ないと覚えられないのじゃないかな」と言う．「十分な睡眠を取らないと記憶力が向上しないという考え方もある」とも表現される．とにかく自分の結論を明確に言うことを避けるのである.相手を思いやる気持ちからである.断定的に言うと人間関係がギスギスするから，それを避けたいのである．

「～になる」というような自然に何事かが起こる言い方も好まれる．丹精込めて米をつくったときに,「米ができた」,「米がとれた」とあたかも自然に米が実ったような言い方をよくする．自分が努力して米をつくったのだから「自分が努力して米をつくった」と言ってもよさそうだが，そのような言い方を通常あまりしない．

コラム　その2

日本語の特徴と日本人の発想

日本人は日本語を使って考え，書く．日本語は他言語と比較するといくつかの特徴をもっている．その特徴があるから日本人的発想が生まれるのか，日本人的発想をもっているから日本語の特徴があるのかは興味深いことである．その議論に深入りしなくても，日本語の特徴を知ると，私たちの日常生活における典型的な発想も理解できるから不思議である．

日本語の特徴はいくつかあるが，主要部後置はその最たるものである．日本人の感覚では大事なことを軽々しく早々に言わないことが美徳である．言いたいことがあると，それに関するいろいろなことを先に言って，話し手と聞き手の両者がそれについて何となくわかってきてから，最後に重要なことを言う．そうすると，日本人はスムーズに納得できるのである．だから，大事な言葉は後ろに置く．

それを別の言葉で言うと，周辺部から核心へ迫る，とも言える．話したいことがあると，話し手は聞き手のところに行き，時候のあいさつやら世間話をしてから，やおら肝心の話になっていくのは，よく経験することである．

語句の省略は，日本人が古くから一所（ひとところ）に定住し農耕生活を営んでいることと関係している．均質的な人が常に顔を付き合わせているから，相手の考えていることや感情が何となくわかってしまうことが多い．そのようなときは，「たぶんこういうことを考えているのだろうな」と相手の考えや気持ちを推測できる．そして「そんなことはお互い言葉に出さなくてもわかるよ」という気持ちになるのは自然だろう．語句の省略は，それが言葉に反映されたもので，思いやりの表れだとも言える．

第3章

理系文の特徴と構成

理系文は自然科学やその応用に関することを記述する．だから，自然科学の特徴が文章に反映される．

自然科学では対象を明確に認識する．「何が」,「どういう状態なのか」「どんな特徴をもつか」「どう運動しているのか」「どう変化しているのか」を明らかにする．そこでは当然，「何が」を明確にしなければならない．それは文章作成では主語を明確にすることにあたる．

それから，自然科学では対象(事物)やできごと(現象)（まとめて事象と言う）をできるだけ正確にとらえようとする．正確にとらえないと数量的なデータが取れないし，定量的な考察ができないからだ．文章にも正確性が要求される．

また，自然科学では，事象は論理的に説明できなければならない．何かが起こるには要因があるはずである(因果関係)．また，起こったことと同一条件を与えれば，同じことが起こらねばならない(斉一性)．

理系文は，このような自然科学の特徴が反映された特徴をもつ．本章は理系文の特徴と基本構成を，通常の日本語文と比較しながら説明する．よい理系文を書くためには，自然科学の発想に忠実に従い，それに加えて日本語の特徴をうまく活かすことが大切である．

3.1 理系文の特徴とは

3.1.1 書く目的・読み手・内容が明確である

理系文は，何のために(書く目的)，誰に対して(読み手)，どんなこと(内容)を書くのかが明確になっているものである．

① 目的が明確

理系文はそれを書く目的があって初めて作成される．書き手が行ったことを報告したり，成果をアピールしたりすることもあれば，読み手の決断を促すために書くこともある．参加した会議の議事録もある．目的があるから書くのだ．だから，それが明確になっていなければならない．

② 読み手が明確

理系文は読み手が明確である．読み手は学校なら教官であることが多いだろう．企業や研究機関では上司や他部門の人などだろう．組織外の企業，官庁や学会に提出することもある．文章の提出先(読み手)と書く目的がはっきりしていれば，それにふさわしい文章を書くことができる．

③ 内容が明確

理系文は伝えたい内容が明確である．書き手が実施したことを教官や上司に報告したいのなら，実施した事実を正確に述べねばならない．たとえば，書き手が実施した実験のデータやその解釈，調査したことやそこから得られた結論，などである．あることについて他人の決断を求めたいのなら，そのことの背景とあるべき姿を述べて，いくつかの選択肢を記さねばならない．それらが適切に書かれていれば，読み手は必要なことを判断・決断でき，文章を書いた価値が生まれる．

目的・読み手・内容の例

「ある材料のある製品への採否を決定するために，その構造を同定してそれを上司に報告し，決断してもらいたい」という場合に書く文章の目的，読み手，内容は次のようになる．

① 書く目的…材料の構造同定と上司が決断できる資料の提供

② 読み手……上司

③ 書く内容……試料の構造決定プロセス，明らかになった構造および採否に対する書き手の見解

3.1.2　重要なことが最初に書かれている

理系文では重要なことは最初に述べる．次に，その説明，例示や根拠を述べる．その順序も基本的には大事なことから述べていく．一般の日本語文だと大事なことは後ろに置かれるから，その違いは大きい．

文章全体の大事なこと（主題や結論）は文章の初めに置かれる．文章の単位であるパラグラフ内でも，主題や結論をまず述べる．次いで，その説明などを記していく．

大事なことを最初に述べない例　**悪い例**

平面ディスプレイには，液晶ディスプレイのほかにプラズマディスプレイ，発光ダイオード（LED）や有機ELディスプレイなどがある．そのなかでも液晶ディスプレイは，高精細，大画面化および低コストが達成された．その結果，液晶ディスプレイは最も普及した平面ディスプレイになった．

この例文は結論が最後に来ており，最後まで読まないと何を言っているのかわからない．

主題が最初に置かれている例　**改善例**

液晶ディスプレイは最も普及している平面ディスプレイである．平面ディスプレイには，液晶ディスプレイのほかにプラズマディスプレイ，発光ダイオード（LED）や有機ELディスプレイなどがある．そのなかでも液晶ディスプレイは，高精細，大画面化および低コストが達成されたので，最も普及した．

この文の主題と結論は「液晶ディスプレイは最も普及している平面ディスプレイである」である．この例では，それが最初に置かれており，典型的な理系文となっている．

3.1.3 正確である

理系文では，書き手の伝えたいこと（実験・調査・シミュレーションなど）を正確に書く．書き手が実験をしたのなら，どのようなプロセスで何をどのくらい使用し，どのような結果が得られたのかを正確に書く．そのとき，使用したもの（試薬，器具や機材）の名称は正確に記され，使用量は定量的に記される．読み手が，報告書の実験を書かれているとおりに行ったら，結果が再現されなければならない．もし正確に書かれていなければ再現することは難しい．

正確に書くためには次のようなことに注意する．

① 図表・図解を使う

正確に伝えるために，理系文では図表・図解が大事である．何かの機器で試料のスペクトルなどを測定したのなら，スペクトルを図で示しデータを表にまとめる．データは図や表で示されないと，読み手が理解しにくい．また，図表や図解を積極的に使用することによって表現がビジュアル化され，読み手の理解を助けることもできる．

② 適切な用語を正しく用いる

適切な用語を正しく用いることも重要である．「分子」は H_2O などの分子を示す化学用語である．分子は小さいものであるからといって，木のおがくずを木の分子とは言えない．

③ あいまいな表現をしない

あいまいな表現や婉曲的な表現をしない．正確性が疑われるからである．言葉の意味を厳密にして明晰な文章を書く．あいまいな表現は日常の日本語ではよく使われるし，それが日本語の特徴でもあるが，理系文はその特徴を出さないことが大事である．

どちらとも受け取れる言い方もしない．読み手に判断してもらいたいのなら，それをはっきり依頼する文にする．読み手を思いやる優しい気持ちがあると，ぼやかした表現になりやすい．思いやりの心は別のところで発揮すればよい．

表現があいまい　悪い例

液晶を使うディスプレイに用いる透明で電気を通す膜は，見たところだいたい透明で，かなり電気を通しやすいようだ．

この文は表現があいまいで，理系文としては悪文である．

正しい用語を使う　改善例

液晶ディスプレイに用いる透明電極は，可視域で透明（透過率 80% 以上）で低い比抵抗率（10^{-4} Ω・cm 以下）を示す．

こうすると，用語が正しく用いられ，数値データも記載されているから，正確でわかりやすい理系文となる．なお，数値データを盛り込めないときは省いてもよい．

④ 適切な文型を使う

正確に伝えるためにはそれにふさわしい文型がある．文型をマスターするとわかりやすい理系文が書ける．これについては次の第 4 章で詳しく説明する．

3.1.4　論理的である

理系文は論理的である．論理的に書かれている文章は，声に出して読むと内容がスーッと頭に入ってくるものであり，サーッと斜め読みしても十分に理解してもらえるものである．筋道が通っている文章と言ってもよい．論理的な文章は次のような条件を備えている．

① 目的と結論が対応している

目的と結果・結論は対応している．書き手は目的をもって実験や調査などを行い，データを得て何らかの考察をしてある結論に到達しているはずだ．その目的と結果・結論とが対応していないと支離滅裂になってしまう．

目的と結論が対応しない例 悪い例

試料αに含有されている有機物を解析するため，赤外吸収スペクトルを測定した．このスペクトルを解析した結果，αの特徴的な物性が発現できた．

目的は「試料αの構造を解析すること」で，そのために赤外吸収スペクトルを測定したのだから，結論として，スペクトルを解析して含有されている有機物を同定しなければならない．上の例文の結論は「αの特徴的な物性が発現できた」となっており，目的と対応していない．

目的と結論が対応する例 改善例

試料αに含有されている有機物を解析するため赤外吸収スペクトルを測定した．その赤外吸収スペクトルを図1に示す．2900-3000 cm^{-1}にCH_3基, および1650 cm^{-1}にCOOH基による吸収が観測されたので, 試料αにはCH_3基とCOOH基が含有されていることがわかった．

赤外吸収スペクトルを解析して有機物を同定している．これで「試料αの構造を解析する」という目的が果たされ，目的と結論が対応した．

② 論理が一貫している

論理が首尾一貫していることも重要である．論理が途中で曲がってしまうと，読み手はどこに連れて行かれるのか不安になるし，結論を信用できなくなる．理系文における論理は，自然科学の原理にもとづくものであることは当然であり，いまさら言うまでもないだろう．

話が飛んでしまう例 悪い例

液晶ディスプレイはいくつかの部材から構成される．液晶は2枚の透明基板の間に封入される．透明基板は主にガラスが用いられる．基板の内側に透明電極が形成される．液晶ディスプレイの長所は消費電力が少ないことである．さらに，基板の内部には配向膜も形成され，外側には偏光板が設置され，カラー液晶ディスプレイにはカラーフィルターもある．

この例では液晶ディスプレイ部材の説明が続くと思ったら，いきなり液晶ディスプレイの長所に話が飛んでしまい，再び部材に記述が戻る．これでは論理が一貫しない．

論理が一貫している例　改善例

液晶ディスプレイはいくつかの部材から構成される．液晶は2枚の透明基板の間に封入される．透明基板は主にガラスが用いられる．基板の内側に透明電極と配向膜が形成される．ディスプレイ外側には偏光板があり，カラー液晶ディスプレイにはカラーフィルターもある．

部材の説明が順番に記述されており，論理が一貫した．

3.2 理系文の基本

3.2.1 横書きで書く

理系文は横書きにする．理系文では，数式・計算式や化学式が頻出するし，フローチャートも使われる．これらは横組みでなければ表しにくい．

日本語は全角文字を使い（「フォント」であり「ﾌｫﾝﾄ」ではない），英数字は半角文字（a，b，c……）を基本とする．数字は算用数字（1，2，3……)を用いる．

理系文では基本的に読点は「,」(コンマ)，句点は「.」(ピリオド)を用いる．ほとんどの論文誌ではこの組み合わせである．ただし，横書きの日本語表記では，読点に「、」，句点に「。」も用いられる．どちらを使うかは所属組織で決められていることが多いので，そのルールに従う．特に決められていないなら，読点は「,」，句点は「.」を用いる．

3.2.2　文章はパラグラフの集まり

文章はパラグラフの集合体である．文章の構成を図3.1に示す．日本語文の基本単位は「語(単語)」である．単語は「文節」をつくる．文節が集合して「文(センテンス)」となり，文がいくつか集まって「パラグラフ(段落)」となる．パラグラフは，文章で言いたいことを表す1つの単位であり，1つのことがらが記されている．パラグラフをまとめて「文章」ができあがる．パラグラフは文章を構成する重要な単位である．

あるまとまったことがらを「章」とし，それが集合した「文章」とする場合もある．書籍や研究報告書などの大部なものがそれにあてはまる．

書き手の言いたいことは，これらの文やパラグラフを論理的に配列することによって，読み手に伝えられる．

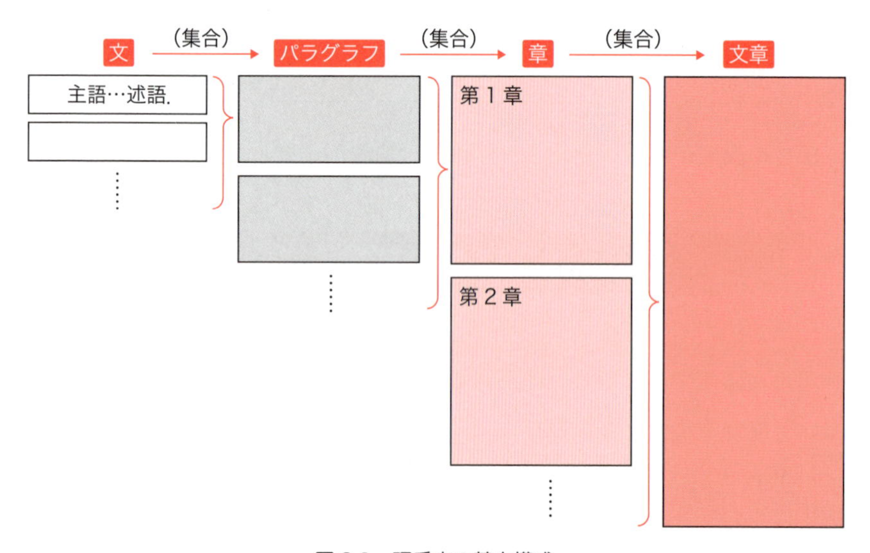

図3.1　理系文の基本構成

3.2.3　理系文の論理構成

理系文は，大きくは「主題」「展開」「結論」で構成される．その論理構成を図3.2に示す[*1]．それぞれの項目は，次のような位置づけになる．

① 前振り

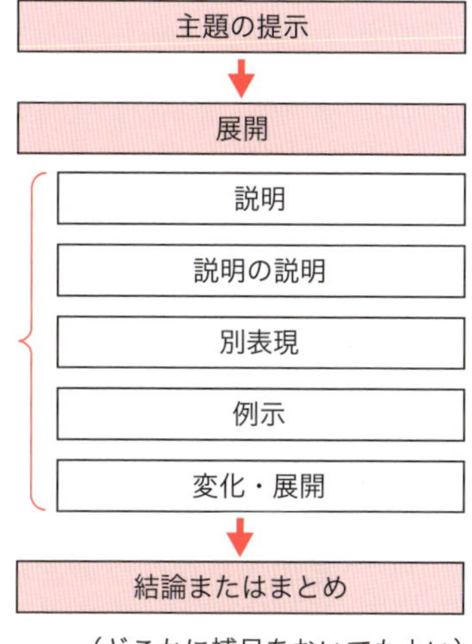

図 3.2　理系文の論理構成

読み手の関心をつかむために「前振り」が「主題」の前に置かれることもある.「前振り」では，インパクトがあることや，いま話題になっていて誰もが興味を引きそうなことを述べる．日本人にとって，いきなり主題に入るよりもなじみやすいという利点もある.

「前振り」は，主題を述べるパラグラフの最初の部分に置かれることもあるし，文頭の 1 つあるいは複数のパラグラフを使う場合もある.「前振り」に多くの文章をあてるのは本筋ではないので，置くとしても 1 つ程度のパラグラフにとどめるのが適切である.

② 主題

「主題」は，その文章で書き手が主張したいことがらの核心である．文章の最初に主題をまず提示する．主題を簡潔に明確に記すと，わかりやすくかつインパクトが強くなる.「主題」=「結論」の場合もある.

③ 展開

「展開」は，提示された主題を読み手に理解してもらうところである．これはいくつかのパラグラフの集合体である.「展開」を構成するパラグラフには次の内容が含まれる.

- **説明**：主題で記された言葉の意味を説明する.
- **説明の説明**：説明されたことをさらにくわしく述べる.

*1　さまざまなことを感じるままにダラダラと書いて，最後にようやく言いたいことを書くクセは，日本人特有の思考方法を反映している．このような書き方に慣れていると，本章で述べる論理的な文章作成になじみにくいかもしれないが，慣れて使えるようになってほしい.

- **別表現**：別の言葉で表現する．
- **例示**：例を挙げる．
- **変化・展開**：内容を深く掘り下げたり，主題にそって論理を展開したりする．

このように，「展開」は，「例示」「説明」「別表現」などにより，主題の論旨を展開し，書き手の主張を論理的に述べていく部分である．

④ 結論（まとめ）

「結論（まとめ）」は，書き手の主張をまとめたものである．文章全体の結論やまとめは文章の最後に置く．「主題」＝「結論」となる文章の場合は最後に「結論」を置かないことが多い．文章の最初と最後に2回同様のことが出てくるとパンチ力が減退するからである．

⑤ 補足

「補足」は，「展開」の中や「結論」の後に必要に応じて置かれる．文章の主張と直接の関係が薄いものや，文章の内容を補うものを取り扱う．

3.3 実際の文章例

以下に文章例を示して，文章の構成について具体的に述べる．この文章は7つのパラグラフで構成されている．

文章例

ヒトの脳

①ヒトの脳は，進化の過程で他の動物と異なり大きく発達した．それはヒトのみが得た特質であるが，その特徴は何だろうか？

文章の主題：第1パラグラフに文章全体の「主題」が提示されている．「その(ヒトの脳の）特徴は何だろうか？」が文章全体の主題である．

②ヒトは体重に対して大きな脳をもっている．一般に動物の体重と脳の大きさ（容積や重さ）はほぼ比例すると言われている．ヒトの脳容

積は約 1,400 mL である．ヒトの体重を約 60 kg とするとチンパンジーはほぼ同じ体重であるが，その脳容積は約 500 mL である．ヒトの脳がかなり大きいことはこの例からもわかるだろう．

③ヒトの脳は大脳皮質が大きく発達していることも特徴のひとつである．大脳皮質には多くのシワがあるが，これは大面積の大脳皮質がコンパクトに折りたたまれていることに対応している．さらに脳細胞どうしの結合も多くて複雑である．

④この発達した大脳は動物とは異なるヒトの能力を生み出している．現代の脳科学はヒトの大脳の発達した領域と能力との関係を解明しつつある．たとえば，ヒトは言葉を話す．その能力は前頭葉のブローカ野と側頭葉のウェルニッケ野が担っている．前者はヒト以外の動物には存在せず，後者はヒトの脳で大きく発達しており類人猿のそれの 6 ～ 7 倍の大きさである．

⑤大脳の前頭前野もヒトの脳で大きく発達した領域である．それは脳全体をコントロールしていると考えられ，ワーキングメモリーと自己抑制も担っているようである．

⑥このように，ヒトの脳は動物とは異なる構成と構造をもち，それがヒトの優れた能力を発揮させたのだ．

⑦なお，最近の科学雑誌に解説記事があるので，そちらも参照してほしい．

展開：「主題」に続く第 2 ～ 5 パラグラフが「展開である．第 2 と第 3 パラグラフは「説明」である．第 4 と第 5 パラグラフは第 2 と第 3 パラグラフからの「変化・展開」である．これらのパラグラフの主題は，いずれも最初の文である．たとえば，第 2 パラグラフでは「ヒトは体重に対して大きな脳をもっている」が主題である．

結論（まとめ）：第 6 パラグラフである．文章の「主題」に対する「結論」が述べられている．「結論」は「主題」に対応している．主題「その特徴は何だろうか？」について，いろいろと述べてきた．結論は「ヒトの脳は動物とは異なる構成と構造をもち，それがヒトの優れた能力を発揮させたのだ」である．「主題」と「結論」は対応している．

補足：この文章では，最後のパラグラフが補足である．

コラム　その3

文章上達法

文章をうまく書く近道はない．しかし王道ならある．まずは本書のようなガイドブックで書き方の基本から学ぶことである．ガイドブックを読んだら実践する．最初はたいへんだろう．どの言葉をどのようにつないでいけば筋道の通った文章になるか，手探りかもしれない．

特に，うまい言い回しや適切な表現方法が見つからないことに苦しむであろう．文章をうまく書けるようになるためには，まずはよい文章を数多く読むことだ．あなたの所属する機関の報告書，論文や理系の雑誌などを読む．多く読んでいろいろな表現法や言い回しがあることを理解する．わからない言葉は辞書で調べる．このようにしてストックを増やすと少しずつ書き方がわかってくる．

書き方がわかってきたら，次は，書き続けることだ．機会をとらえて文章を書きそれを積み重ねていくと腕前は上達する．「習うより慣れろ」である．あなたが実験を行っているなら，実験ノートに実験結果や考察を多く書く．営業や企画の仕事をしているなら顧客とのやりとりや思いついたことをノートやメモ帳に書く．それを続けると書くのが少しずつ楽しくなるはずである．

・基礎編・

文章を書くための基本を知る

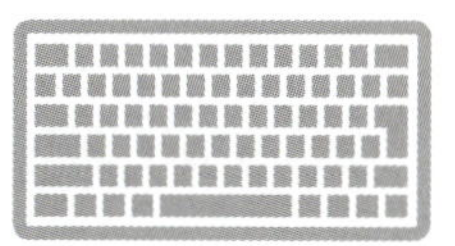

第4章

文の基本構造とわかりやすく書くポイント

4.1 基本文法を知ろう

わかりやすい理系文を書くためには，日本語文法を知っておきたい．日本語文法とは，日本語を用いた文の構成・構造と表現のしくみを表したものである．日本語を使って文章を書くときのルールと言ってもよい．自動車を運転しようと思ったら，交通ルールと自動車の運転方法を知り，身につけなければならないのと同じである．理系文も一般的には日本語で書かれるわけだから，日本語文法を知らなければうまく書けない．

日本語文法は,「①文の要素」,「②文の構造」,「③文の表現方法」からなる．理系文ではさらに,「④パラグラフの構成・構造・表現法」と「⑤文章の構成・構造」が加わる．これらをまとめて理系文法と呼ぶことにする．本章では①と②について述べる．続く第5章で③を，第6章で④を，第7章で⑤について述べる．

4.1.1 文の要素

文の要素は，単語，文節と語句である．

> 文の要素
>
> 多くの　観光客が　京都を　訪れる．
>
> 文節
>
> 主語句（多くの 観光客が）　目的語（京都を）　述語（訪れる）

① 単語

日本語文の基本単位は単語である[*1]．名詞，動詞，形容詞，副詞，助詞，助動詞や接続詞である．例文では，「観光客」「京都」は名詞，「多く」は形容詞，「の」「が」「を」は助詞（格助詞）であり，「訪れる」は動詞である．

② 文節

文を構成する単位は文節である．文節は，文の中で息を切ることのできる言葉のひとつながりで，単語＋助詞または単語だけからなる．文節は主語，述語，目的語や補語などの役目を果たし，文に意味をもたせる．上の例文では，「多くの」「観光客が」「京都を」「訪れる」が文節である．

③ 語句

文節がいくつか集まって語句をつくる．上の例では，「多くの観光客が」が主語（主語句）である．「京都を」は目的語，「訪れる」が述語である．「多くの」は「観光客が」を説明する修飾語である．語句については次の 4.1.2 項（文型）で詳しく説明する．

④ 文

文（センテンス）は，いくつかの文節がひとまとまりになって，書き手の伝えたいことを表す．つまり，いま話題になっていることについて，それが「どうした」，「どんなだ」を言い表すものである．上の例文で，主語と述語は対応して，「多くの観光客」が「訪れる」という動作を表している．理系文では，話題になっている対象が主語として示され，それがどんな「状態・構造・運動・変化」であるかを述べる述語とセットになる．述語は文末に置かれる．

なお，原則として，1 つの文には 1 つのことがらが記述される（1 文 1 義，4.3 節参照）．文の意味を明確にして読みやすくするため，文中に読点（，）を打ち，最後は句点（．）で終わる．

---

*1　単語の下の単位は，音節と音素（母音と子音）である．たとえば，「あ」は音素（母音）「a」からなる音節．「か」は音素（子音）「k」と音素（母音）「a」からなる音節．

4.1.2 まずは文の基本形から——文型

理系文には主語が置かれ，主語に対応した述語が文末に置かれる．述語の動作の対象を示す目的語や，述語を説明する補語も置かれる．その配列には基本構造(基本文型[*2])があり，以下の7文型[*3]にまとめられる．

文型1　主語(S)＋述語(V)
文型2　主語(S)＋補語(C)＋述語(V)
文型3　主語(S)＋目的語(O)＋述語(V)
文型4　主語(S)＋〔補語(C)，目的語(O)〕＋述語(V)
※目的語と補語の語順は任意
文型5　主語(S)＋〔目的語(O)，目的語(O)〕＋述語(V)
※2つの目的語の語順は任意
文型6　主題(T)＋主語(S)＋〔補語(C)，目的語(O)〕＋述語(V)
※補語と目的語のどちらかでもよい．この語順は任意
文型7　主語(S)＋補文句(CP)＋述語(V)

①文型1～5

これらはなじみ深いものである．それぞれ例をあげる．

文型1の例

大きな木が　ある．
S　V

*2　日本語文の文型は研究者によりさまざまで，統一的なものはない．
*3　以下の文型に示す主語，補語，目的語，述語は，日本語文法では，主格，補格，目的格，述語と記されることもあるが，ここでは，よりなじみ深い前者の言葉を用いる．補格と目的格を合わせて修飾節ともいう．複雑な文では他の表記法もあるが，技術文では基本構造を理解しておけばほぼ十分である．英文法にならい，主語（Subject）をS，補語（Complement）をC，目的語（Object）をO，述語（Verb）をVと表記する．また，主題（Theme）をT，補文句（Complement phrase）をCPと表記する．

文型２の例

東京は　日本の首都で　ある．
S　C　V

文型３の例

企業が　新製品を　売り出す．
S　O　V

文型４の例

学生は　教授を　先生と　呼んでいる．
S　O　C　V

文型５の例

森の動物が　川へ　水浴びに　来る．
S　O　O　V

主語(S)は述べたいことの対象を表す．述語(V)は主語に対応しており，主語の状態・構造・運動・変化を示す．補語(C)は主語や目的語の性質を示す言葉で，目的語(O)は主語の行為の対象となる言葉である．前にも述べたが日本語文は，主語の位置に対して述語が離れていることが特徴である(一般的には主語は文頭に置かれ，述語は文末に置かれる)．主語に関することが補語や目的語で説明され，最後にようやく述語で「どうした」,「どんなだ」が述べられる．だから，文末まで読まないと(書かないと)，その文の意味がつかめない．これはよくも悪くも日本語の特徴である．理系文を書くときには，この点に注意が必要である．

②文型６

次のような文型もある．

文型6の例

・象は　鼻が　長い．
　T　　S　　V

・電気自動車は　電池が　エネルギー源である．
　T　　　　　　S　　　V

主題（T）は，話題の中心になっているものを明示する言葉であり，主語ではない[*4]．上の例では「象は」が主題である．係助詞「は」は「～については」という意味を表し，主題を提示する．「象に関して言うと（主題），鼻が（主語）長い（述語）」という感じである．理系文でもこの文型は多用される．

なお，主題は省くことができない．

主題を省略できない例　悪い例

（象は）　鼻が　長い．

（電気自動車は）　電池が　エネルギー源である．

いずれもカッコ内の主題を省略すると，何について述べているかがわからなくなる．「鼻が長い」のは何なのだろう，「電池がエネルギー源」であるものは何だろう，と疑問に思ってしまう．

主題を示す言葉は，「は」以外にも，「には」，「では」，「においては」，「については」や「に関しては」が使われる[*5]．これらの語は，「は」よりも主題をより限定して強調する．

＊4　主題は，日本語文法学者の三上章が提唱した概念である（三上章『象は鼻が長い』くろしお出版，1969年）．

＊5　「には」は，指定の格助詞「に」に格助詞「は」が付いたもの．「においては」は，「に」に場所や時間を示す「おいて」が付いて，格助詞的に使用される．「では」は場所・時・場合を指定する格助詞「で」に「は」が付いたものである．

主題を表す「は」以外の例

・東京には　本当の空が　ない.

・太陽光発電においては　昼夜間の発電量変化が　課題である.

主題は日常の日本語でもよく使われる．うまく使うとわかりやすい理系文が書ける.

③ 文型 7

文型 7 もよく出てくる形である.

文型 7 の例

(a) ラザフォードは, 原子は原子核と電子からなることを　発見した.
　　S　　CP　　V

(b) キュリー夫人は，ラジウムは放射性物質であると　述べた.
　　S　　CP　　V

この文型は，主語 (S) と述語 (V) の間に長い修飾節である補文句 (CP) [*6] が挿入されている．主語が行う動作・作用が，補文句という主語と述語をもつ語句で記述されるほど複雑なときにこの文型が採用される.

補文句はそれ自体で 1 つの文である．構成は次のような形になり，文全体の主語の動作・作用の対象となっている.

補文句　主語(S)＋〔補語(C), 目的語(O)〕＋述語(V)＋補文標識(CT)
※補語と目的語のどちらかでもよい．語順は任意

補文標識 (CT) [*7] とは, その前の文が補文であることを示す標識の言葉で,

*6　チョムスキーの提唱した生成文法にもとづく（マーク・C・ベーカー著，郡司隆男訳『言語のレシピ』岩波現代文庫，2010 年，p.87）.

*7　補文標識（Complementizer）をＣとする表記もあるが, 補語のＣと紛らわしいので, CT とした.

「ことを」，「ことが」，「(である)と」などが使われる[*8].

日本語文では，補文句の前に読点「,」を打たないと，主語と補文句の区別がつかない．この文型は理系文に多く見られる．うまく使いこなそう．

4.1.3 語順を変えられる

一般の日本語文と同様に，理系文は語順を変えても意味は通じる．それに加えて，語順を変えることにより文のニュアンスが変わり，書き手の言いたいことをうまく伝えることもできる．その点で日本語はたいへん便利な言語である．ここが英語と大きく異なる点である[*9].

語順を変えても意味が通じる例

(a) 隕石が　シベリアに　落下した．
S　C　V

(b) シベリアに　隕石が　落下した．
C　S　V

上の(a)は通常の配列であるが，(b)は補語と主語が入れ替わっており，ニュアンスが異なる．

語順を変えてわかりやすくする例

(a) キュリー夫人は，ラジウムは放射性物質であると　述べた．
S　CP　V

(b) ラジウムは放射性物質であると，　キュリー夫人は　述べた．
CP　S　V

---

*8　補文標識の「ことを」「ことが」は，「こと」（前の語句を受けて名詞化する形式名詞）に「を」「が」（ともに対象を示す格助詞）が付いたもの．「(である）と」は,「で」（格助詞）と「ある」（動詞）が接合し，さらに「と」（指定・引用を表す格助詞）が付いたものである．

*9　英語の大きな特徴は，主語が必ず必要なことと，語順を変えると意味がつかみにくくなることである．これは言語の違いなので，どちらが有利，悪い，合理的という問題ではない．

この(a)では，主語(キュリー夫人)を覚えておかないと「述べた」のが誰かわからなくなる．それに対して(b)では，述べたのはキュリー夫人だということがわかりやすい．このように日本語では語順を変えることにより，伝えたいことのニュアンスを変えたりわかりやすくしたりできる．

語順は変えてよいが，述語を文末から移すと意味が通りにくくなる．

述語を文末に置かない例　悪い例

落下した　シベリアに　隕石が．

V　　C　　S

会話ではあり得るが，理系文ではこれは避け，述語は文末に置く．

4.1.4　「〜は」と「〜が」の違いは

「〜は」と「〜が」の使い分けはなかなか難しい．一般的には以下のように考えるとよい．

①「〜は」と「〜が」の区別の基本

主語を導く助詞は「は」と「が」である．「〜は」とするか「〜が」とするか迷うことが多い．「は」と「が」の使い方により文意が変わる．

主語が初めてその文に登場するときは，「〜が」を用い，次に出てくるときは「〜は」を用いる．つまり，読み手にとって未知のことは「〜が」で表現し，既知のことは「〜は」で示す．英文学者中島文雄は，「が」は英語の不定冠詞 a であり，「は」は定冠詞 the である，と指摘している[*10]．

「が」と「は」の区別の例

(a) 佐藤という人が　この商品を　開発した．

(b) 佐藤さんは　この商品を　開発した．

*10　＊中島文雄『日本語の構造：英語との対比』岩波新書，1987 年．

②「〜は」は話題の強調

助詞「は」には，問題提起や話題を明確にしたいときに使う用法もある[*11]．「は」を用いると，問題や話題を力強く印象づけることができ，それらを読み手と書き手で共通化できる．

> **問題・話題を明確にする「は」の例**
>
> 多くの試作品を作製した．試作品Aは良好な耐久性を示した．

「は」が受ける言葉は，書き手と読み手が共通に認識し，両者でそれについて他と区別しながら議論している，という語感になる．この例では，いま話題の中心になっている「試作品A」を他の試作品と区別して注目している．会話なら「は」の発音に力が込められるであろう．

③主題を表す「は」

文型6 (p.42)で説明したとおり，主題を表す「は」がある．

> **主題を表す「は」の例**
>
> 象は　鼻が　長い．

「象は」は主題を表す．象が話題になっていることを強調する意味もある．

4.1.5　句読点の打ち方——読点を効果的に

横書きの理系文では，読点は「，」，句点は「．」が基本だ．ただし，「，」「。」や「、」「。」の組み合わせを使うこともある[*12]．縦書きでは一般に「、」，「。」とする．

句点は文の終わりに打つが，読点の用い方は少し難しい．文章を書くときに読点をうまく用いると，言いたいことがスムーズに伝わる．主なルールは以下のとおりである．

---

*11　大野晋の説による（大野晋，丸谷才一『日本語で一番大事なもの』中公文庫，1990年）．
*12　句読点の種類や使い方は所属組織で決まっていることが多いので，組織のルールに従う．

①文の意味を明らかにできる場所に打つ

読点の使い方で，これが最も重要である．読点の打ち方次第で，文の意味がはっきりする．意味が変わってしまうこともあるから注意しよう．

読点がなくて意味がわからない例 悪い例

原材料 A を加熱しながら触媒 B を加えた試薬 C に加える．

この例のような実験処方だと困ってしまう．加熱されるのは原材料 A か触媒 B かそれとも試薬 C か不明であり，読んだ人が実験できない．読点の打ち方によって，2 とおりのレシピになる．

読点で意味を明らかにした例 1 改善例

原材料 A を加熱しながら，触媒 B を添加した試薬 C に加える．

この文だと，「原材料 A が加熱され」ており，それを「試薬 C に加える」ことになる．

読点で意味を明らかにした例 2 改善例

原材料 A を，加熱しながら触媒 B を添加した試薬 C に加える．

この文では，「試薬 C を加熱し，そこに触媒 B を添加する」．それに「原材料 A を加える」ことになる．

もっともこれらの文はもう少し改訂したほうが文意が正確に伝わりやすい．例 1，例 2 のような意味を表したいなら，それぞれ以下の文にするとよい．

意味をより正確にした例 1 改善例

原材料 A を加熱した後，触媒 B が添加された試薬 C に加える．

意味をより正確にした例2 改善例

試薬Cを加熱して触媒Bを添加し，その後原材料Aを加える．

次は読点を打たないと意味がわかりにくい例である．

読点がなく意味がわかりにくい例 悪い例

石油や石炭を多量に燃焼することにより大気中のCO_2量が増大すると温室効果が強まり地球の温暖化が急速に進行して気象変動が頻発する．

読点を打つと，意味がわかりやすくなりスーッと読める．

読点を打った例 改善例

石油や石炭を多量に燃焼することにより，大気中のCO_2量が増大すると温室効果が強まり，地球の温暖化が急速に進行して，気象変動が頻発する．

② 主語（主語句）や主題の後に打つ

原則として主語（主語句）や主題の後に読点を打つ．ただし，短い文では不要である．

主語の後に読点を打った例

・ヒトの脳は，動物のそれと異なり顕著に発達している．
・工学部は，工学系の研究者や技術者を養成する機関である．

③文を2つ続けるときに，その間に打つ

文の続け方には2とおりある．単純に2つの文をつなげる場合（並列）と，従属節と主節としてつなげる場合である．従属節は，「〜により」「〜の場

合」「〜なので」などの接続詞を伴い，接続詞の後ろに読点を打つ．

文を並列につなげた例

・赤外線は可視光より長波の電磁波であり，紫外線は可視光より短波の電磁波である．
・自動車は人やモノを運ぶ機械であり，同時に走りを楽しむ乗り物でもある．

従属節と主節をつなげた例

・ものごとにはさまざまな側面があるので，総合的な見方が必要だ．
・都市鉱山は廃棄された工業製品から有用な資源を抽出・再利用するから，エコ型社会の実現に寄与できる．

④ 文頭の副詞・副詞句・接続詞などの後に打つ

文頭に置かれる副詞・副詞句・接続詞には，「一般に」「さらに」「つぎに」「なお」「したがって」「すなわち」「たとえば」「ただし」などがある．これらの言葉の後には読点を打ち，本文と区別する．

文頭の接続詞などの後に読点を打った例

・すなわち，本研究の目的は，試作部材 A の構造と性能を調べることである．
・したがって，自動車では安全性が重視される．

⑤ 複数の事項を記す場合，それぞれの言葉の後に打つ

いくつかの事項を並べて記すとき，それぞれの言葉の後に打つ．ただし，最後の言葉は「および」「や」「または」でつなげることが多い．

並べた事項の後に読点を打った例

・光学機能，電気機能や化学機能などの種々の機能

・走行性，安全性，快適性および燃費を改善する次世代自動車の開発

「走行性・安全性・快適性・燃費」として中点「・」を打ってもよい．中点は言葉どうしのつながりがより強いときに用いる．

4.2 主語と述語のねじれに注意

4.2.1 主語を書くか省くか

日本語文では主語を省いてもよいケースがある．しかし，理系文では「何が」を明確にし，それが「どうした」「どうなのか」を正確に示す．だから主語を記すのが原則である．

ただし，例外もある．書き手と読み手の両者が十分に了解していれば主語を省いてもよい．また，人称代名詞は省略してもかまわない．

実際の文章作成では，主語を入れてみて，冗長だったりくどい印象を与えたりするようなら主語を省く．ただし，よく吟味する．

主語を省略した例 悪い例

化合物Aの可視域の透過率を測定した．80%であった．

必要な主語を記した例 改善例

化合物Aの可視域の透過率を測定した．透過率は80%であった．

第一文の主語は，「私」か「私たち」であるが，省略されている．主語がないほうがスッキリする．第二文の主語「透過率は」は，理系文では省略しない．80%を示したのが本当に「透過率」なのか疑問が生じるからである．「透過率に決まっているじゃないか」とは，言い切れないのだ．

もう1例を示す．

主語を省略した例 **悪い例**

太陽から電磁波と荷電粒子が放射される．地球上空の酸素分子や窒素分子と衝突するとオーロラが発生する．

第二文の主語は記されていないので，「電磁波」か「荷電粒子」のどちらが主語であるかわからない．これでは読み手は理解できない．

必要な主語を記した例 **改善例**

太陽から電磁波と荷電粒子が放射される．荷電粒子が地球上空の酸素分子や窒素分子と衝突するとオーロラが発生する．

主語(荷電粒子)を書くと誤解がない文章になる．理系文では誤解を招かないことが大事で，深く読み取る努力を読み手に要求してはいけない．

4.2.2　主語を述語と対応させる

主語は述語と対応していなければならない．意外に対応していないことが多いので，注意して文を作成しよう．

主語と述語が対応していない例 **悪い例**

試作品 A の力学物性（硬度）を，測定装置 XX を用いて測定した．試作品 A は ZZ(硬さの数値データ)であった．

この例の第二文では，主語「試作品 A」が「ZZ」という数値であると記されている．試作品 A は物体であり ZZ という数値ではない．主語と述語が対応していない．硬さの数値データとは試作品 A の硬度なのだから，次のように「試作品 A の硬度は」と記さないと正確な表現にならない．

主語を述語に対応させた例 改善例

試作品Aの力学物性（硬度）を，測定装置XXを用いて測定した．試作品Aの硬度はZZ(硬さの数値データ)であった．

もう一例示す．

主語と述語が対応していない例 悪い例

合金試料αの線膨張係数の温度変化を調べた．100℃はXX(線膨張係数の値)であった．

100℃という温度がXXという線膨張係数を示すのではない．この例は以下の(a)か(b)の文にすると改善される．

主語と述語のねじれをなくした例 改善例

(a) 合金試料αの線膨張係数の温度変化を調べた．100℃におけるそれはXX(線膨張係数の値)であった．

(b) 合金試料αの線膨張係数の温度変化を調べた．100℃ではXX(線膨張係数の値)であった．

次の文もよく書く．

述語と対応していない主語の例 悪い例

ガソリン自動車の動力源は内燃機関である．電気自動車はモーターである．

第二文は「電気自動車」=「モーター」と言っている．それは間違いで，「電気自動車の動力源」は「モーターである」と言いたいのだから，以下のように書く．理系文は正確に書かねばならない．

主語と述語のねじれをなくした例　改善例

ガソリン自動車の動力源は内燃機関である．電気自動車のそれはモーターである．

4.3 1文1義

1つの文には，原則として1つの意味だけをもたせる．複数の意味をもたせない．

1文に複数の意味をもたせた例　悪い例

自然科学は多くの実験結果にもとづいて発展し，さまざまな法則が導き出され，実験も法則も研究者の思考より生み出されるから，自然科学は思考の産物と言え，一方，工学ではモノを創り出そうという技術者の強い信念が基本となる．

この文は，いくつかのことがらが1つの文に記されているからわかりにくい．これを5つの文にし，言葉を少し変えて，1つの文に1つの意味だけをもたせるようにするとすっきりした文になる．

1文1義の例　改善例

自然科学は，多くの実験結果にもとづいて発展した．そこからさまざまな法則が導き出された．実験も法則も研究者の思考より生み出される．だから，自然科学は思考の産物と言える．一方，工学ではモノを創り出そうという技術者の強い信念が基本となる．

4.4　文の長さはどのくらいがよいか

1つの文は長くても1.5行から2行程度にする．3行続く文は長すぎて意味を読み手が理解しにくい．また，文が長いと途中で主語が変わることもあり，言いたいことがわかりにくくなる．やむをえない場合を除き，文はできるだけ短くなるように工夫する．

1文が長すぎる例　悪い例

周期表は，元素を原子番号順に並べた表であり，元素の性質を系統的に理解できる表であり，メンデレーエフは原子量の順番に並べたが，元素の並べ方はいろいろ提案され，現在では元素を1～18族に分ける長周期表が一般的である．

この文は長い．しかも複数のことが1つの文に盛り込まれていてわかりにくい．これを以下のように5つの文に分けると理解しやすくなる．

1文の長さを短くした例　改善例

周期表は，元素を原子番号順に並べた表である．それによって元素の性質を系統的に理解できる．最初，メンデレーエフは元素を原子量の順番に並べた．しかしその後，いろいろな並べ方が提案された．現在では元素を1～18族に分ける長周期表が一般的である．

4.5　能動態と受動態

文には能動態と受動態（受け身形）がある．能動態は，主語がある動作・作用を行うことを表す．受動態は，主語が動作・作用を受けることを表す．

能動態と受動態の例

能動態　私は　部材Aの長さを　測定した．
　　　　　S　　　O　　　　V
受動態　部材Aの長さが　測定された．
　　　　　S　　　　V

理系文では客観的事項に人称代名詞をできるだけ用いない．なぜなら，科学では，誰でも同じ結果を得ることができるという認識があるからだ．だから，人称代名詞を用いないで，受動態にすることが多い[*13]．

4.6 過去形か現在形か

日本人は通常，会話でも文章でも，過去も現在も未来もあまり気にしない．しかし，理系文ではできるだけ時制に注意したい．書いてあることが過去に起こったことなのか，永遠の真理なのかをはっきりさせたいからである．理系文においては，時制は一般的には以下のようにするとよい．

4.6.1 現在形と過去形の基本的な使い方

現在形と過去形は基本的には次のように使い分ける．

現在形：未来永劫そのことがらが変わりなく続くと認識されている場合は現在形で書く．事実を述べるときも現在形で書く．

過去形：過去のどこかで行った実験プロセスや実験事実は過去形で書く．実験や測定して得られたデータは，基本的には過去形で書く．

*13　最近ではあまり厳しく言われない．英語論文では，「緒言」や「目的」を記載するときに「we」やたまには「I」も使用される．ただし，「実験・観察」や「結果と考察」では，受動態にすることが多い．

現在形の例

すべての物体は，お互いに引力を及ぼし合っている．

万有引力は永遠の真理であり変化しないから，現在形で記す．

現在形と過去形の例

(a) 試薬 A 5.0 g を水 50 mL に溶解する．

(b) 試薬 A 5.0 g を水 50 mL に溶解した．

上の例文の(a)と(b)では意味が異なる．(a)は実験処方を記したものだ．実験者に試薬 A を指示どおりに溶解することを求めるレシピである．それに対して，(b)は実験者が実験した事実を述べている．実験は過去に行ったのだから過去形で書く．

4.6.2　過去のことを現在形で書く場合

日本語文では過去のことでありながら現在形で書くと，読み手が理解しやすいケースがある．これは日本語特有の時制である．

① 図表を示しながらデータについて述べる

図や表を示しながらデータを述べるときは現在形で書いてよい．そのデータを取ったのは過去だから，これは本来過去形で書くべきである．しかし，理系文では，読み手とともに図や表で示されているデータを見ながら説明しているという認識になる．だから，この場合は現在形でよい．ただし，過去形でもかまわない．現在形を使うか過去形を使うかは，文章の流れによる．スムーズに文意が伝わる時制を選ぶとよい．

図表を示しながら現在形で述べた例

図 1 に試料 A の可視紫外吸収スペクトルを示す．480 nm および

620 nm に吸収が観測される．

第一文は現在形で書かれている．書き手と読み手がいま一緒に図1を見ているという認識なので，現在形である．第二文も一緒にスペクトルを見ているので，現在形で記されている．スペクトルが観測されたのは過去だからという認識なら，「観測された」と過去形で記してもよい．

② 現在形で臨場感・強調を表す

過去のことを現在形で書く場合がある．それは主に考えたことや発言したことである．そうすると臨場感が生まれ，書いたことが強調される．

現在形で臨場感を表した例

研究者Aは昨年6月に新規構造エンジンを設計した．それは燃費を大幅に改善しシェアを拡大できるものである．プロジェクトリーダーは言う．「開発計画を前倒しする．来年の6月までに量産化の目処をつける」と．チームの努力により，予定よりやや遅れたが今年8月にほぼ目処をつけた．

研究者Aが新規構造エンジンを設計したのは昨年の6月だから，第一文は過去形で書かれている．第二文は設計当時に考えたことだが，現在形で書かれている．考えたことが研究者Aにとって真理と認識されているからであり，それを強調する意味もある．第三文のプロジェクトリーダーの発言も過去のことだが現在形で記述されて臨場感が生まれ，現場の雰囲気がいきいきと伝わってくる．発言内容は引用なので現在形で書かれている(次項参照)．量産化の目処がついたのは今年の8月で，過去形で記されているので，この文が書かれたのはそれ以降である．

この文章を，引用部分を除いて過去形で書くこともできる．

過去のことは過去形で記した例

研究者Aは昨年6月に新規構造エンジンを設計した．それは燃費を大幅に改善しシェアを拡大できるものであった．プロジェクトリーダーは言った．「開発計画を前倒する．来年の6月までに量産化の目処をつける」と．チームの努力により，予定よりやや遅れたが今年8月にほぼ目処をつけた．

こうすると客観的な記述になるが，文章を読んだ印象は平板になる．

③ 引用する

他者の発言や文献の記述をそのまま引用するときは，元の発言や記述の時制に合わせる．それらが現在形ならそのまま現在形で記す．

現在形を引用した例

- 昨日観測者は「観測対象からの信号をキャッチしている」と報告した．
- 先日調査したところ，その試薬は金属イオンとは反応しない，と文献Aに書かれていた．

4.6.3 未来形

日本語に未来形はない．未来のことは現在形で書く．いつそれが起こるがわかっているときは，その日時を記しておくとわかりやすい．

未来のことを現在形で書いた例1

明日実験Aを行う．

この例文だと実験Aを行うのは明日で，未来のできごとだとわかる．次のように書いてもよい．

未来のことを現在形で書いた例2

明日実験Aを行う予定である．

「だろう」を未来形と考えることもできる．しかし「だろう」には推測が含まれているので，未来形とは言い難い．

未来のことを「だろう」を使って書いた例　悪い例

明日実験 A を行うだろう．

これだと本当に明日実験 A を行うのか，少し不安になる．理系文では推測は必要最小限にすべきである．

コラム　その 4

「〜は」と「〜が」の区別

「〜は」と「〜が」の区別について，言葉の達人である大野晋と井上ひさしは，桃太郎の昔話を使って説明している．それを紹介する[*14]．

昔々あるところにおじいさんとおばあさんが住んでいました．おじいさんは山へ柴刈りに，おばあさんは川へ洗濯に行きました．

第一文で，おじいさんとおばあさんが初めて話題にあがったのだから，「おじいさんとおばあさんが」となる．第二文ではおじいさんとおばあさんは既知なので，「おじいさんは」，「おばあさんは」となるのだ．

*14　大野晋『日本語の文法を考える』岩波新書，1978 年．井上ひさし『日本語教室』新潮新書，2011 年，p. 147

第5章

言葉・表現の選び方

どのような文章でもそれにふさわしい言葉や表現方法がある．理系文でも同じである．理系文にふさわしい言葉を使い，表現を適切にすると，言いたいことが読み手に伝わるわかりやすい文になる．本章ではわかりやすい文(センテンス)を書くための言葉や表現方法について述べる．

5.1 適切な言葉を選ぼう

5.1.1 文体は「である」体

原則として，文体は口語文章体「〜である」とし，「です」「ます」は使わない．

「である」体の例

・科学・技術は日本の発展にとって重要なものである．

・エレクトロニクス産業は，日本の基幹産業のひとつである．

5.1.2 書き言葉を使う

書き言葉を用いる．若者特有の話し言葉は用いない．

話し言葉を使った例 悪い例

・赤い色の液をガラスに塗るみたいな実験をした．

・生産計画とかの会議に出た．

書き言葉で書いた例　改善例

・赤色の塗布液をガラス基板に塗布して薄膜を作製した．
・生産計画会議に出席した．

5.1.3　「〜の〜の〜の」は使わない

格助詞「の」は便利である．さまざまな名詞に付いて場所・対象・所属などを示すからである．しかし，これを多用して，「〜の〜の〜の」とするとわかりにくくなる．このような場合には，別の言葉や表現に変える．

「の」を多用した例　悪い例

セラミックスの作製の方法のひとつは粉体焼成法である．

この例では，「の」が3つも用いられていて煩わしい．以下のようにするとすっきりとする．

「の」を別の表現に変えた例　改善例

(a) セラミックス作製法のひとつは粉体焼成法である．
(b) セラミックスを作製する方法のひとつは粉体焼成法である．

5.2　目的に合わせた硬さ・やさしさで

5.2.1　言葉の表現をある程度硬くする

ある程度硬い言葉と表現にすると，文章が引き締まって格調高い文書となる．和語(ひらがなで書かれる言葉)より，漢語(漢字で書かれる言葉)を用いると効果がある．

和語で書いた例 悪い例

試作品 A をつくる実験をやった.

ある程度硬くした例 改善例

試作品 A の作製実験を行った.

試作品 A を作製した.

上の例では,「つくる」より「作製」がよい. ただし, いたずらに難しい表現や堅苦しい言い方は避ける.「試作品 A の作製実験を行った」でも書き手の意図は伝わるが,「試作品 A を作製した」としたほうが簡潔でわかりやすい.

5.2.2 やさしい表現にする

上で漢語の使用を薦めたが, ことさら難しい言葉を使うのは逆によくない. また, 難しい表現や回りくどい表現も不要である. 一定の品位を保ちながら, やさしい言葉や表現を用いるようにしたい. 適切な表現法は, 経験を積んでいけば身についていくはずである.

難しい言葉を使った例 悪い例

- 会議開催検討時, 参加者の都合の拝聴の必要があるから, 時間の設定に苦慮する.
- 創造力の昂揚(こうよう)の増大化には, 個人の力量を増大させるより, 多数の人間と交誼(こうぎ)を保持することが枢要(すうよう)である.

このように漢字を多く並べたり, 難しい漢字を使ったりする必要はない. 下のようにやさしい表現にすると, スムーズに頭に入り理解されやすい.

やさしい表現に変えた例 改善例

・会議を開催するときは参加者の都合を聞かねばならないから，時間の設定に苦労する．
・創造力を高めるには，個人の能力を高めるより，多くの人と交わることが重要である．

5.3 漢字か仮名か迷ったら

5.3.1 漢字をうまく使う

漢字は意味を含む表意文字である．日本語は同音異義語が多いから，漢字を用いることで意味を区別する．たとえば，「科学」と「化学」は「かがく」と書くと区別できない．「ていじ」は「提示」か「定時」か「低次」か，漢字ならすぐにわかる．漢字がふさわしいところでひらがなを使うと，一般常識がないと思われる．さらに，漢字をうまく使うと，漢字だけを読んでも文の大意がわかるようにも書ける．

しかし，漢字の意味を知らないなら，不用意に漢字を使わない．自信がないなら，辞書で調べてから使うようにする．

また，どのような漢字でも理系文で使ってよいわけではない．漢字は常用漢字[*1]を用いる．当て字も使わない．漢字は造語できることが特徴のひとつであるが，初心者は造語しないほうがよい．また，以下に示すように漢字を使わない言葉もある．

5.3.2 漢字を使わない言葉がある

理系文では，ひらがなで書くべき言葉がある．それらは，形式名詞，補

*1 日常生活で用いられる漢字の目安で，ほぼ高校までに習う漢字である．漢和辞典では，常用漢字を示しているので確認するとよい．2010 年に「常用漢字表」が 29 年ぶりに改訂され，常用漢字は 2136 字になった．

表 5.1 ひらがなにする主な形式名詞，補助動詞，副詞および接続詞

形式名詞		補助動詞		副詞	接続詞
	例		例		
こと	述べるべきこと	いう	～という	すべて	および
もの	調べるもの	いる	変化している	おおよそ	また
ごと	測定ごと	いく	増加していく	かつて	または
たび	実験するたび	くる	増加してくる	ますます	なお
とおり	以下のとおり	みる	検討してみる	いずれ	さらに
とき	実験したとき	おく	調べておく	なぜ	
ところ	検討したところ	ようだ	～のようだ	まず	
など	装置や機器など			わずかに	

助動詞，副詞の一部および接続詞である．そのうち，よく出てくるものを表 5.1 に示す．形式名詞は，「名詞としての実質的意義がなく，文法的機能を表す名詞．常にその意義を限定する語句を伴ってのみ用いられる」(『広辞苑第 6 版』より) であり，「述べるべきこと」の「こと」などである．補助動詞は，「補助用言のひとつ．動詞で，本来の意味と独立性を失って，付属的に用いられるもの」(『広辞苑第 6 版』より) であり，「～ということ」の「いう」などである．これらはワープロソフトで変換すると漢字が出てくるので，不用意に使ってしまいがちである．なかでも特に，「とおり」「また」「または」「すべて」「さらに」は，「通り」「又」「又は」「全て」「更に」と書きやすいので，ひらがなで書くよう注意する．

5.4 典型的表現を利用しよう

理系文には，書く内容に対応した典型的な表現法がある．そのような表現を知っておくと，文章を書くときに便利である．それらは一定の文型をもつので理系文の表現を表す文型と言ってもよい．パソコンにフォルダをつくり，文例集を作成しておくと便利である．

以下に典型的な表現(文型)を示す．なお，文型はいくつかのバリエーションがあるので，文章を書くときは自分なりに工夫して使おう．

5.4.1　事実文・説明文

事実を述べたり，あることがらを説明する文である．

事実文・説明文の文型：～は……である（であった）．

事実文・説明文の例

・水の化学式は H_2O である．
・電気自動車は CO_2 を排出しない車である．

5.4.2　定義文

新しい概念などを定義する文である．

定義文の文型：～は……と定義される．
～を……とおく（する，呼ぶ）．
～（と）は……である．

定義文の例

・酸は，水溶液中で H^+ を放出するものと定義される．
・1 ジュール（J）とは，物体に 1 ニュートン（N）の力が作用し，その方向に 1m 移動するときの仕事量である．

5.4.3　目的文・主題文

行ったことの目的が記されているのが目的文である．主題文は，これから記述することの主題を述べる文である．主題文はパラグラフの最初に置かれ，そのパラグラフの主題を述べる．主題文は特定の文型をもたない．

目的文の文型：～の目的は……である．
～が目的である．

目的文の例

- 本研究の目的は，CO_2 排出量が 20% 低減されたディーゼルエンジンを開発することである．
- 輝度が 10% 向上した LED 白色ランプを開発することが，本研究の目的である．

5.4.4 引用文

文献の内容や他の人の発言を引用するときの文である．

引用文の文型：～は……ことを報告した．
～は……と述べた．
～によると……という．

引用文の例

- 本多と藤嶋は，水中の TiO_2 電極への紫外線照射により水が分解されることを報告した．
- メーカーの技術者は，製品 A の優れた性能は部材 β の採用によると述べた．

5.4.5 解析文

起こったことや行ったことについて解析したり，要因などを考察したりする文である．

解析文の文型：～は(を)……によって(を用いて)調べた(測定した，測定された，解析した，解析された)．
～には(では)……が観測(観察)された．
～は……であると(に)帰属された．

解析文の例

・試料 A のフーリエ変換赤外吸収(FT-IR)スペクトルは，FT-IR 分光光度計 Spectrum one (PerkinElmer)を用いて測定された．
・その FT-IR スペクトルには 1576 cm^{-1} に吸収が観測された．
・1576 cm^{-1} の吸収は COO^- 基に帰属された．

5.4.6 判断文・結論文

あることに対して考察して得た判断や結論を述べる文である．

判断文・結論文の文型：～は……による(である)と考えられる(判断される)．
～は……であることがわかった．
～は……である(であった)．
～は……による．

判断文・結論文の例

・試料 A の水に対する溶解性は，分子内に存在する COOH 基によると考えられる．
・以上の実験結果より，試作品 ZZ の性能(○○)は従来品より 20% 向上したことがわかった．
・市場調査の結果から，開発品 XX はシェア 40% 以上を獲得できると判断される．

解析と考察の結果，ある判断や結論認識に到達する．そのとき結論に対して若干の疑念が残る場合には「考えられる」や「判断される」と記す．「わかった」は，結論はほぼ真実と強く認識していることを示す．

第一文を「試料 A の水に対する溶解性は，分子内に存在する COOH 基による」と書くと，結論を強く断定する．

所属する組織にもよるが，日本語文では断定する言葉は使いにくいかもしれない．そのときは組織の慣習に従うとよい．

5.4.7 提起文

課題を提起する文である．これから述べることの主題を示したり，問題提起する文である．文章やパラグラフの初めに置かれる．また，文章の最後に置いて，今後取り組むべきことや検討すべきことを提起する文もある．

提起文の文型：～は……だろうか．
～は何だろうか．
～について考察する(研究する，検討する)．
今後，～が必要である(するべきである)．
今後，～についての研究(検討)が期待される．

提起文の例

- 新たに参入すべき市場はどこだろうか．
- 量子力学の概念がどのように発展したのか，以下で考察する．
- 今後もエコ型社会の実現に向けて自動車の軽量化研究を継続すべきである．
- 今後，新規な二次電池の研究が期待される．

5.4.8 アピール文

書き手の成果などを強調したいときの文である．

アピール文の文型：～は……を発見した(見いだした)．
～は……に成功した．
～は注目されている(注目を浴びている)．

アピール文の例

・筆者らは電子部品 A の新規作製法を見いだした.
・著者は部材 B の新規用途の開拓に成功した.
・TiO_2（二酸化チタン）は優れた光触媒性を発現する材料として注目されている.

5.5 つなぐ言葉の使い方

5.5.1 複数の言葉をつなげる

同じ系統の言葉を 3 つ以上つなげるときは,「A, B および（または）C」と書くことが多い. 下の文では, 3 つとも測定したことになる.

同じ系統の言葉を 3 つつなげた例

試料 A, B および C の質量を測定した.

異なる系統の言葉だと,「A, B または C」と書く.

異なる系統の言葉を 3 つつなげた例

試料 A, B または C の質量を測定する.

この例だと, 3 つのうちのどれかの試料の質量を測定することになる.

5.5.2 別の言葉で言い換える

ある言葉や概念を別の言葉で言い換えるとき,「すなわち」や「つまり」を使う.

「すなわち」で言い換えた例

電気を通すプラスチックス，すなわち導電性高分子は，少量の化学物質をプラスチックスに添加することにより合成された．

5.5.3　「それぞれ」をうまく使う

2つ以上の事項に対して，個々にデータなどを記すとき，「それぞれ」を使うとわかりやすい．

「それぞれ」を使った例

試料AおよびBの長さは，それぞれ5cmおよび8cmである．

試料Aの長さは5cmであり，Bのそれは8cmであることを示している．言葉の順番は，Aに対して5cm，Bに対して8cmであり，対応している．

5.5.4　二重否定より肯定を

「……でないとはいえない」という二重否定を使って，肯定の意味を表すことがある．このような表現は読み手を一瞬立ち止まらせ「はて，これは何を言いたいのか？」と考え込ませてしまう．二重否定表現は避け，肯定表現にしたほうが，読み手は書き手の意図を正確に理解できる．

二重否定を使った例　悪い例

試料の構造と表面物性とは対応していないとは言えない．

書き手は，「構造」と「表面物性」とは「対応しているかもしれない」，と言いたかったのだが，確信がないので，二重否定文を使ってあいまいに述べた．対応関係がはっきりしているなら，肯定表現にすべきだ．

肯定表現にした例 1　改善例

試料の構造と表面物性とは対応している.

対応関係がデータからはある程度言えると判断しているが，まだ十分な確信がもてないなら，書き手の主張であることを述べる.

肯定表現にした例 2　改善例

試料の構造と表面物性とは対応している，と考えられる.

ただし，データを提示して説明しても対応関係に自信がないなら，このような判断を示す文章は書けない.

5.6 修飾語と補文句の置き方

5.6.1 修飾語がどこにかかるか

修飾語(たとえば形容詞)は被修飾語(たとえば名詞)を修飾する.つまり，被修飾語の状態・特性・特徴などを説明する.原則として修飾語(句)は被修飾語(句)の前の近い位置に置く.しかし，修飾語と被修飾語が複数あると，そのとおりに配置できず，何が何を修飾するのかわかりにくくなる.その原因は 3 つある.

① 修飾語の後ろに 2 つの名詞が置かれている.

② 長い修飾語句が複数ある.

③ 修飾語と被修飾語が離れている.

これらを例文で説明しよう.

① 修飾語の後ろに2つの名詞が置かれている場合

以下の例のように修飾語の後ろに2つの名詞が置かれているとき，修飾語がどの言葉を修飾するのかわかりにくくなる．

修飾語の後ろに2つの名詞がある例1　悪い例

地熱発電は，高温の地中の水を利用するものである．

形容詞(句)が2つの名詞の前に置かれると，どちらの名詞を修飾するのか問題になるケースが多い．修飾語が2つのうちのどちらに係るのか，わかりにくいからである．上の例で高温なのは地中か水か？　原則に従うと「高温の地中」にある「水」であるが，「地中」に存在する「高温の」「水」とも読める．このような場合は，言葉を変えて配置を変える，助詞などをうまく使う，形容詞を名詞化する，などにより改善できる．

言葉や配置を変えた例　改善例

・地熱発電は，高温の地中にある水を利用するものである．
・地熱発電は，地中にある高温水(熱水)を利用するものである．

もう一例示す．

修飾語の後ろに2つの名詞がある例2　悪い例

本研究の成果は，赤色光に対して高感度の電子機器αの部材βを開発したことである．

この例でも「赤色光に対して高感度」なのは「電子機器α」なのか「部材β」なのかわかりにくい．「部材β」なら次のようにするとよい．

言葉や配置を変えた例　改善例

・本研究の成果は，電子機器αに用いるために赤色光に対して高感度

の部材 β を開発したことである．

・本研究の成果は，電子機器 α 用に赤色光に対して高感度を示す部材 β を開発したことである．

・本研究の成果は，赤色光に対して高感度の部材 β を開発したことである．それは電子機器 α に搭載される．

② 長い修飾語句が複数ある場合

下のように 2 つの長い修飾語句があるとどれに係るかわかりにくい．

2 つの長い修飾語句がある例　悪い例

地熱発電は，エネルギー利用率が高い地下の熱水を使う発電方法である．

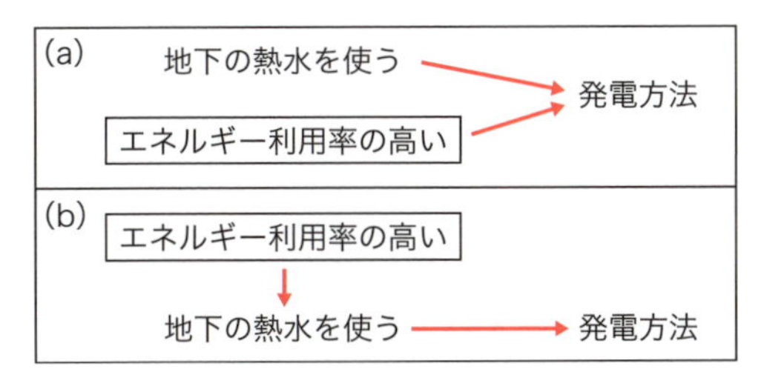

図 5.1　2 つの長い修飾語句の係り方

この文は図 5.1 のように長い修飾語句が 2 つある．修飾語（句）が 2 つあるときは，誤解されないように修飾語の係り方を優先して文を変える．係り方が同等なら，理系文では重要な語を先に置く．

さて，上の例文は，「エネルギー利用率が高い」のが「発電方法」である場合と，もうひとつ，「エネルギー利用率が高い」のは「地下の熱水」である可能性もある．それぞれの読み方に応じて，以下の文のように改訂するとわかりやすい．

修飾語の係りがわかりやすい例 改善例

(a) 地熱発電は，地下の熱水を使う，エネルギー利用率の高い発電方法である．

(b) 地下の熱水はエネルギー利用率が高く，地熱発電はそれを使う発電方法である．

複数の長い修飾語の場合は，読点を入れるとわかりやすくなる例もある．

複数の長い修飾語の例 悪い例

多様なバックグラウンドをもつマルチカルチャーが交錯する環境下で育成されたグローバル人材

「多様なバックグラウンドをもつ」人材で，「マルチカルチャーが交錯する環境下で育成された」人材でもあるなら，次のように読点を打つ．

修飾語の間に読点を入れた例 改善例

多様なバックグラウンドをもち，マルチカルチャーが交錯する環境下で育成されたグローバル人材

③修飾語と被修飾語が離れている場合

修飾語が被修飾語から遠いと何を修飾しているのかわからなくなる．

修飾語が被修飾語から遠い例 悪い例

長い多くの岐路に分かれた進化の過程を経て，人類は誕生した．

この文の「長い」は「多くの岐路」に係りそうに見えるが，よく読むと「進化」に係る．修飾語が被修飾語から遠いので，文の意味がわかりにくいのである．これは「長い」を「進化」の前に置くとよい．

修飾語を被修飾語に近づけた例 改善例

多くの岐路に分かれた長い進化の過程を経て，人類は誕生した．

5.6.2 長い補文句をどうするか

補文句は主語と述語の間に入る．補文句が長いと述語を読むころには主語を忘れてしまい，何が書いてあるかが伝わりにくくなる．それを改善するには，補文句を使わず別文とするか，または補文句を短くする．

補文句が長い例 悪い例

地球科学者は，大気中の CO_2 量が増えその温室効果が高まることにより，地球が急速に温暖化し大規模台風や竜巻などの気象変動が頻発するだろう，と予想している．

主語は「地球科学者は」で，述語は「予想している」であり，その間に長い補文句が入っている．文末まで読むと，補文句は地球科学者の予想していることだとわかるが，全文を少なくとも 2 回読まないと理解できない．以下のように別文にするとわかりやすくなる．

2 文に分けた例 改善例

地球科学者は予想している．大気中の CO_2 量が増えその温室効果が高まることにより，地球が急速に温暖化し大規模台風や竜巻などの気象変動が頻発するだろう，と．

または，次のように補文句内を短くしてもよい．

補文句内を短くした例 改善例

地球科学者は，大気中の CO_2 量が増え温室効果が高まることで，地球が急速に温暖化し気象変動が頻発する，と予想している．

5.7 言葉のリズムを大切に

言葉の使い方を工夫して文のリズムをよくすると，読みやすく理解しやすくなる．たとえば，文章に対句表現や箇条書きを入れる方法がある．

5.7.1 対句表現を使う

文中に対句を入れるとその部分が際立ち，リズムよく読める．

対句表現例 1

自分には強みがないとある人は言う．しかし，その人は強みに気づいていないか，強みと思っていないか，どちらかである．

対句表現例 2

- 化学は原子・分子から出発し，多数の化合物を経て原子・分子に戻ってくる．あたかも哲学者が処女作に戻るように．
- 宇宙を探査するには望遠鏡を使う．電波を観測する電波望遠鏡，X 線を観測する X 線望遠鏡などである．

5.7.2 箇条書きを使う

言いたいことが複数の要素からなるとき，それらを箇条書きにすると読み手は整理して分類しながら読める．箇条書きの方法はいくつかある．

「第一に，第二に…」を使った例

国連の気候変動に関する報告書は，以下の 3 点を重要事項として指摘している．第一に気候変動に人為的活動が影響していること，第二に極端な気象が今後頻発すること，第三に温暖化の進行が止まっていないことである．

「①，②…」を使った例

国連の気候変動に関する報告書は，①気候変動に人為的活動が影響していること，②極端な気象が今後頻発すること，③温暖化の進行が止まっていないことを指摘した．

5.8 誤字・脱字を防ぐために

誤字・脱字は避ける．書いた文書は見直してから，教官や上司に提出する．ワープロで書いた文書には変換ミスやタイプミスが多いし（表 5.2），文書がうまくつながらないこともある．そのような報告書を読んだ上司や先生は「いい加減な気持ちで書いた」と思い，評価が低くなるかもしれない．注意すべきである．最低限でもそれらをチェックし，直しておく．

ではどうするか．文章を書いたらすぐに見直すことをしない．今日の作業はそこでいったん休憩する．つまり，文章を寝かせるのである．翌日新鮮な目で文章を見直すと，不思議とタイプミスや言い回しのおかしいところが見つかる．それらを修正してもう一度見直す．その後で提出する．

表 5.2　理系文におけるワープロ変換ミスの例

正	誤	正	誤
意図	糸	遷移	繊維
科学（化学）	化学（科学）	添加	転化
求引	吸引	同化	銅貨
個体（固体）	固体（個体）	付加	負荷
酸化	参加	不斉	不正
実験	事件	分化	文化
生態（生体）	生体（生態）	溶解	妖怪

コラム その5

「異字同訓」の漢字の使い分け

「上がる」と「揚がる」のように意味は異なるが読み方が同じ漢字をどのように使い分けるかは，意外に難しい．文章を書くときはそれを明確に区別して書く．

文化庁は異字同訓の漢字の使い分け例をホームページにアップしている（http://www.bunka.go.jp/kokugo_nihongo/bunkasingi/pdf/ijidoukun_140221.pdf）．例を以下に引用する．なお，ホームページには全部で133の使い分け例が載っている．

◆あらわす・あらわれる

【表す・表れる】思いが外に出る．表現する．表に出る．

(例)喜びを顔に表す．言葉に表す．不景気の影響が表れる．

【現す・現れる】隠れていたものが見えるようになる．

(例)姿を現す．本性を現す．太陽が現れる．救世主が現れる．

【著す】本などを書いて世に出す．

(例)書物を著す．

◆つくる

【作る】こしらえる

(例)米を作る．規則を作る．計画を作る．組織を作る

【造る】大きなものをこしらえる．醸造する．

(例)船を造る．道路を造る．酒を造る

【創る※】独創性のあるものを生み出す

(例)新しい文化を創(作)る．画期的な商品を創(作)り出す．

※一般的には「創る」の代わりに「作る」と表記して差し支えないが，ことがらの「独創性」を明確に示したい場合には，「創る」を用いる．

◆はかる

【図る】あることが実現するように企てる．

(例)合理化を図る．解決を図る．局面の打開を図る．

【計る】時間や数などを数える．考える．

(例)時間を計る．計り知れない恩恵．タイミングを計る．頃合いを計って発言する．

【測る】長さ・高さ・深さ・広さ・程度を調べる．計測する．

(例)距離を測る．身長を測る．面積を測る．温度を測る．測定機で測る．

【量る】重さ・容積を調べる．推量する．

(例)重さを量る．体重を量る．堆積を量る．心中を推し量る．

【謀る】よくない事をたくらむ

(例)悪事を謀る．

【諮る】ある問題について意見を聞く

(例)審議会に諮る．役員会に諮って決める．

◆はやい・はやまる・はやめる

【早い・早まる・早める】時期や時刻が前である．時間が短い．予定よりも前になる．

(例)早く起きる．気が早い．矢継ぎ早．早まった行動．出発を早める．

【速い・速まる・速める】スピードがある．速度が上がる．

(例)流れが速い．テンポが速い．脈拍が速まる．足を速める．

◆まざる・まじる・まぜる

【交ざる・交じる・交ぜる】主に，元の素材が判別できる形で一緒になる．

(例)芝生に雑草が交ざる．子供に交じって遊ぶ．カードを交ぜる．

【混ざる・混じる・混ぜる】主に，元の素材が判別できない形で一緒になる．

(例)酒に水が混ざる．雑音が混じる．絵の具を混ぜる．

第6章

パラグラフをうまくつくる・つなげる

文(センテンス)が書けたら次はパラグラフ(段落)である．パラグラフは複数の文の集合体であり，書き手の言いたいこと(主張)ごとに，1つのパラグラフがつくられる．パラグラフは理系文の重要な単位である．

わかりやすいパラグラフを書くことは，読み手に理解してもらえる文章を書くことと同義といってよい．パラグラフをうまく書ければ，文章作成の達人になれる．そのためには以下のことが重要である．

① パラグラフの文の配列を知る．
② パラグラフ内の文をつながるように書く．
③ 前後のパラグラフどうしのつながりをよくする．
④ 論理的に書く．

本章では，これらのことを説明する．

6.1 パラグラフの中はどうなっているか

6.1.1 パラグラフ内の文の配列(基本形)

パラグラフには，書き手の主張したいことを1つだけ書く．わかりやすい理系文では，1つのパラグラフに複数のことは記述されない．それが理解されるように，パラグラフ内では文が合理的に配列されている．パラグラフにおける文の配列の基本形を図6.1に示す．

パラグラフにはまず，そのパラグラフの「主題」または「結論」が提示される．「主題」は，そのパラグラフで主張したいことである．「結論」はそのパラグラフの結論である．

次に，主題に関する記述や結論を導く道筋が「展開」される．主題が最初に提示されたパラグラフでは，最後に「結論」が置かれる．結論が最初に置かれる場合は，結論を再び置くことはない．

パラグラフの最初に「主題」や「結論」が置かれると，書き手の言いたいことが最初にわかり，読み手にとって理解しやすいすっきりした文章になる．「主題」や「結論」を最初に置くのは，理系文作成の原則である．

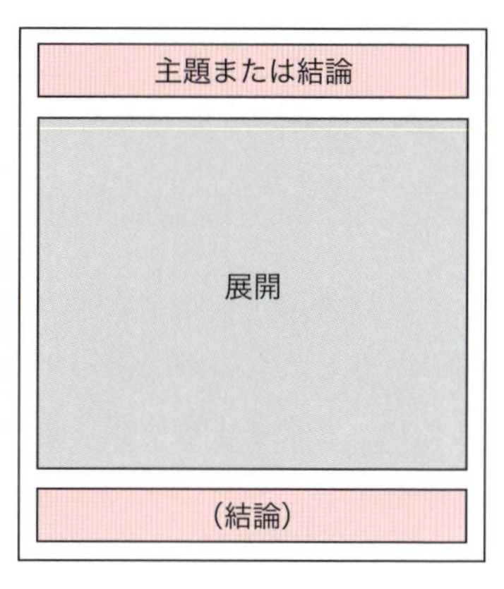

図 6.1　パラグラフ内の文の配列（基本形）

パラグラフ内の文の配列をケースごとに説明する．

6.1.2　主題を最初に置くパラグラフ

まず，主題が最初に提示されるパラグラフを見ていこう（図 6.2）．パラグラフ内の文は，「主題」を受けて論理的につながっている．

「主題」を受けて論旨が展開される「展開」部では，主題の「説明」，「説明の説明」，「別表現」，「例示」や「変化・展開」といった内容が配列される．

すでに p.33 に示したが，ここでもう一度その内容を紹介しておく．

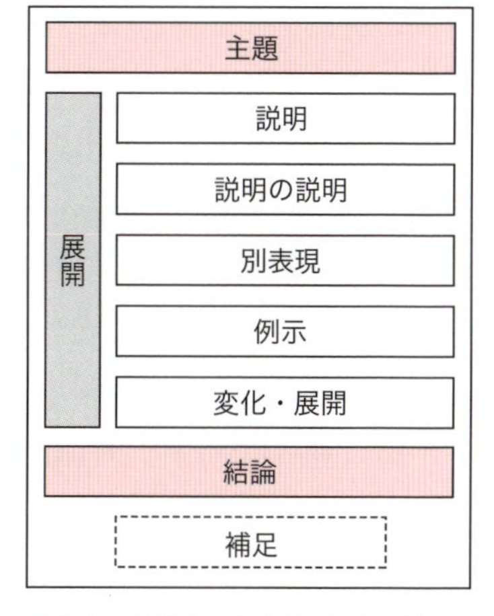

図 6.2　主題を最初に置くパラグラフ

- **説明**：提示された概念や用語を説明する．
- **説明の説明**：説明されたことをさらに詳しく述べる．
- **別表現**：前の文の内容を別の言葉で言い換える．

- **例示**：例を挙げる.
- **変化・展開**：前の文を受けて発展させたり別のことがらに変化させたりする.

それ以外に「補足」が置かれることもある.「補足」は，主題と関係が薄いかもしれないが，言っておきたいことを述べるものであり，複数置かれたり，さまざまな位置に置かれたりする.

例を示してさらに解説する.

主題を最初に置くパラグラフ例

①生物をモデルとした技術開発が大きな注目を浴びている.②生物は環境に適合して進化しており，学ぶべき多くの構造，機能および行動が備わっている.③その技術は，たとえば生物の構造をモデルとしたものづくりである.④ハスの葉をモデルとした超撥水膜や，サメの表皮からヒントを得た水着などであり，実用化されているものもある.⑤植物の光合成もエネルギー創成の観点から重要である.⑥半導体素子を用いた人工光合成システムやそれに植物の一部を加えた複合システムも研究されている.⑦さらに，動物の行動をモデルとして，ロボットや車の動きを制御する研究も成果をあげている.⑧生物をモデルとした技術開発は今後も活発になると考えられる.

①**パラグラフの主題**：「生物をモデルとした技術開発が大きな注目を浴びている」と示され，このパラグラフは「生物をモデルとした技術開発」について書かれていることがわかる.

展開：「主題」を受けて書き手の主張を述べる.
②説明：生物は……
③例示：その技術は……
④例示：ハスの葉を……
⑤変化：植物の光合成も…
⑥説明：半導体素子を…
⑦変化：さらに，動物の…

⑧**パラグラフの結論**：「展開」でいろいろと主題について述べた結果，「生物をモデルとした技術開発は今後も活発になると考えられる」と示される.

「主題」で主張したいことが提示され，その内容を「展開」で説明して「結論」に達し，主題と結論が対応している．このような構成にするとわかりやすくなる.

6.1.3 結論を最初に置くパラグラフ

パラグラフの最初に「結論」を置く構成もある（図6.3）．この構成のパラグラフでは最初に「結論」が置かれ，「展開」へと続く．この場合は，最後に「結論」が再び述べられることはない．

その例を示す．

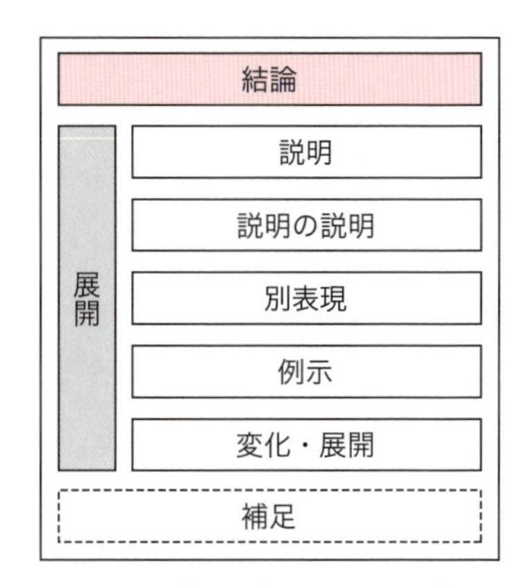

図6.3 結論を最初に置くパラグラフ

結論を最初に置くパラグラフ例

生物をモデルとした技術開発がますます活発になると考えられる．生物は環境に適合して進化しており，学ぶべき多くの構造，機能および行動をもっている．その技術は，たとえば生物の構造をモデルとしたものづくりである．ハスの葉をモデルとした超撥水膜や，サメの表皮からヒントを得た水着などであり，実用化されているものもある．植物の光合成もエネルギー創成の観点から注目されている．半導体素子を用いた人工光合成システムやそれに植物の一部を加えた複合システムも研究されている．さらに，動物の行動をモデルとして，ロボットや車の動きを制御する研究も成果をあげている．

この例で最初に置かれた「結論」は，「生物をモデルとした技術開発が活発である」だ．言いたいことを最初にズバリと述べているので，書き手の主張が明確に示されインパクトがある．「展開」で，「結論」の説明や例示などが記されるので，読み手が書き手の主張を把握することが容易になる．その主張に共感できれば，その文章を容易に理解できるのが，このタイプの文章の特徴である．

「結論」を最初に置くと，パラグラフの最後は「展開」で終わる．

6.1.4 「前振り」が置かれるパラグラフ

理系文におけるパラグラフの論理構成の原則は上述のとおりだが，それとは異なる構成をもつパラグラフもあるので，説明しておく．それは，「主題」や「結論」の前にそれらの前提や内容などを「前振り」として先に述べ，次に「主題」や「結論」に入るケースである．

日本人の感覚として，いきなり「主題」や「結論」を述べると，ギスギスした感じになり，マイルドさや奥ゆかしさがないと思われる．そこで，いきなり重要なポイントに入っていかず，本題に入る前に主張の中身を小出しにしたり，前提を述べたりすることがある．クッションとして「前振り」を置き，ひと呼吸してから主題や結論を述べるのである．

先ほどの例をアレンジして以下に示す．

「前振り」を最初に置いたパラグラフ例

地球誕生からまもなく生物が発生し，それは環境に適合して進化した．いまや地球には多くの生物が満ち満ちている．生物の構造をモデルとすると新しいモノを創ることができる．たとえば，ハスの葉をモデルとした超撥水膜や，サメの表皮からヒントを得た水着などがあり，実用化されているものもある．植物の光合成もエネルギー創成の観点から注目されている．半導体素子を用いた人工光合成システムやそれに植物の一部を加えた複合システムも研究されている．さらに，動物の行動をモデルとしてロボットや車の動きを制御する研究も成果をあげている．今後も生物をモデルとした技術開発が活発になるだろう．

このような文の配列だと，最初は何について書かれているのかよくわからない．少し不安になって読み進むと「生物の構造をモデルとしたモノづくり」かなと思う．最後に「今後も生物をモデルとした技術開発が活発になるだろう」とあるので，これが言いたかったのかとようやくわかる．

こうした書き方は，日本人の感性に合い，文の味わいやおもしろさも出せるので，エッセーなどでは採用してもよいだろう．しかし，論理を追求する理系文では避けるべきだ．理系文では書き手の主張をデータや証拠にもとづき，明確に述べることが求められるのである．

6.2 パラグラフ内の文の書き方

パラグラフをつくるには，6.1 節で説明した配列になるように文をつなげていく．文の書き方の基本は第 5 章で述べたとおりである．ここでは，パラグラフ内の文を書くときの注意点を挙げておく．

6.2.1 文頭は 1 字下げ

パラグラフの最初は 1 文字分下げて書き始める．ここから新たなパラグラフが始まるという指標である．1 文字下げは文章作成の鉄則である．

6.2.2 同じ単語は近づけない

同じ単語が近いところに現れると，煩わしく幼稚に見えるので注意する．別の言葉に変えるか，省略して文をつなげる．

同じ単語が近い位置に多くある例 **悪い例**

日本列島はアジアの東端に存在し，さらに日本列島は日本海という海でユーラシア大陸と隔てられている．日本列島に住む人々は，永く中国文明の恩恵を受けてきた．しかし，日本列島に住む人々は，19 世紀から 20 世紀にかけて西洋文明を受け入れ急速に西洋化した．日本列島に住む人々は，いわゆる先進国の仲間入りを果たした．

この例では「日本列島」という言葉が多く出てきて読みづらい．以下のように言葉を変えたり省略したり，表現を変えたりするとよい．言葉を省略してもよいという日本語の特徴をうまく活かすこともコツである．

同じ単語を減らした例 改善例

日本列島はアジアの東端に存在し，日本海という海でユーラシア大陸と隔てられている．この列島に住む人々は，永く中国文明の恩恵を受けてきた．しかし，日本人は 19 世紀から 20 世紀にかけて西洋文明を受け入れ急速に西洋化し，いわゆる先進国の仲間入りを果たした．

もうひとつ例を示す．

同じ単語が何度も出てくる例 悪い例

試料 A を固相法により作製した．試料 A は高温高湿度下（50 ℃/95%RH）に置いた．試料 A の高温高湿度下における物性 β の経時変化を調べた．物性 β の高温高湿度下での経時変化を表 2 にまとめた．試料 A の物性 β は経時とともに上昇し，6 ヵ月後初期値より 10% 増加した．

この例では，「試料 A」，「高温高湿下」，「物性 β」や「経時変化」が何度も出て煩わしい．以下のようにするとすっきりした文章になる．

同じ単語を減らした例 改善例

試料 A を固相法により作製した．それの高温高湿度下（50 ℃/95%RH）における物性 β の経時変化を調べ，表 2 にまとめた．それは経時とともに上昇し，6 ヵ月後初期値より 10% 増加した．

2 つの文章をつなげて余分な主語を削除した．また，代名詞など別の言葉に変えて同じ単語の繰り返しをなくした．

6.3 パラグラフ内の文をリズムよくつなぐ

書き手の意図が読み手に伝わるには，パラグラフ内の文章がスムーズに読め，論理が通ることが肝要である．そのためには以下のように文と文をつなぐとよい．

① **代名詞**などで前の文を受けて次の文を記す．
② **接続詞**をうまく使う．
③ **キーワード**を意識して盛り込む．

これらができると，文章が，あたかも水が高いところから低いところへなめらかに流れるようになる．文のリズムがよくなるので，声を出して読んでもなめらかに読め，すんなりと理解できる．

6.3.1 前の文を受けてつなげる

前の文をうまく受けると論理がスムーズに伝わる．そのためには，前の文の言葉や記されている内容を，「それは」や「これは」と代名詞などで受けて文をスタートするのもひとつの方法である．

下の例では，「それを」で前文の「原子・分子」を受け，「それから」で「化学者が原子・分子の実在に確信がもてなかった時代」を受けている．

前の文の内容を代名詞などで受けたパラグラフ例

19 世紀末に書かれた化学の本を読むと，原子・分子の実在について懐疑的な記述に出会う．それを実験で明確に証明できるのか，化学者は確信がもてなかったのだ．しかし，それからわずか 10 年で事態は大きく変化し，原子・分子の存在を誰もが認めるようになった．

6.3.2 接続詞をうまく使う

接続詞をうまく使うと，思考のテンポがリズミカルになり，流れのよい文章ができる．接続詞の種類を表 6.1 に示す．

表 6.1 接続詞の種類と例

接続詞の種類		例
対等の関係での接続	並列	および，また
	選択	または，あるいは
	付け加え	しかも，そして，なお，さらに
条件的な接続	順接	すなわち，つまり，したがって，だから
	逆接	しかし，だが，ただし

次の例は，「だから」と前の文を受け，「さらに」で追加事項が記される．

「だから」「さらに」を用いたパラグラフ例

仕事を進めると多くの未知のことがらに出会う．だから常に勉強すべきだ．そのとき，「おや？」と素直に不思議に思う心，「なぜ？」と問いかける気持ち，さらに「どのように？」と考える頭脳が必要である．

以下の例では，「したがって」「つまり」で結論が導き出される．

「したがって」を用いたパラグラフ例

その XRD パターンには，$2\theta = 25.4°$（d 値 $= 0.350$ nm）に鋭いピークが観測された．これは JCPDS カード 21-1272 の（101）面の d 値 0.352 nm とほぼ一致した．したがって，このピークはアナターゼ型結晶によると帰属された．

「つまり」を用いたパラグラフ例

工場へロボットを導入することにより，オートメーション化が進展した．つまり，ロボットは製造業の発展に寄与したのである．

注意したいのは，「そして」や「また」の使い方である．これらの接続詞で文をつなぐと，ダラダラとしたしまりのない文章となることがあるので，多用しないほうがよい．

6.3.3　キーワードを軸にする

同じ言葉を何回も繰り返さず，言葉や表現を変えたりして文章内に登場させるほうがよいと先ほど述べた．ただし，重要なキーワードは言葉を変えないほうがよいし，キーワードが専門用語なら変えないのが一般的だ．

主題にそったキーワードをつくって軸にすると，パラグラフの内容が理解しやすくなる．

下の例では,「気象変動」がキーワードである．それと関連する言葉,「気象の変化」「ヤマセ」「冷害」「大飢饉」「海水温がわずか変化」や「秋の海水温が高く」が論旨をつなげている．

キーワードを用いたパラグラフ例

気象変動は人間の生活を変える．人間の食糧は田畑の作物や海産物などだ．これらは気象の変化に敏感だからだ．たとえば，東北ではヤマセが吹くと冷害になる．天保の大飢饉はよく知られている歴史上の大事件だ．海水温がわずか変化しただけでも魚が獲れなくなる．事実，近年は秋の海水温が高くサンマが日本に近寄らないこともあると聞いている．では，このような気象変動はなぜ生じるのだろうか．

もう一例示す．専門用語の「原子」「原子核」「電子」「陽子」「中性子」は，代名詞を除き原則として他の名称に変えることはしない．

専門用語がキーワードになっているパラグラフ例

原子は原子核と電子から構成される．原子核は正電荷，電子は負電荷を帯びている．原子核はさらに陽子と中性子からなっている．原子番号は陽子数に対応しており電子数とも一致する．陽子数と中性子数の合計を質量数という．

6.4　パラグラフとパラグラフをどうつなぐか

文と文をつないでパラグラフをつくったら，今度は，パラグラフとパラグラフをつないでいく．前後のパラグラフをうまくつなげるとわかりやすい文章になる．そのための工夫は以下のとおりである．

6.4.1　呼び水をパラグラフの最後に置く

次のパラグラフの内容を示す文や言葉(呼び水)をパラグラフの最後に置くと，読み手が「次のパラグラフは何かな？」と興味をもてる．興味をもてばわかろうと努力するから理解してもらいやすい．

ひとつ前の例では，最後の文「では，このような気象変動はなぜ生じるのだろうか」が呼び水である．次のパラグラフは気象変動の要因について書かれているだろう，と読み手は予想し，期待しながら読んでいける．

6.4.2　前のパラグラフを受ける

パラグラフの文頭に，前のパラグラフを受ける言葉を置くと，前のパラグラフを受けてこれから話が始まることがわかる．受ける言葉は「それは」のような代名詞，「上述の○○は」や「○○(上述の事項をそのままくり返す)」と直接受ける言葉を用いるとわかりやすくなる．

ひとつ前の例文に続けると，たとえば以下のようになる．

前のパラグラフの言葉をそのまま受けたパラグラフ例

気象変動，特に数万年以上に及ぶ長期変動は，太陽からの日射量変化が要因のひとつと考えられている．日射量変化は，地球自転軸の周期的な変動と夏場の太陽と地球の距離の変化によって起こるのだろう．それに加えて，大陸にある氷床の成長や後退も関係するとの研究結果も報告されている．長期変動はこれで理解できるとして，では最近の急激な地球温暖化も同様に考えてよいのだろうか．

前のパラグラフの最後の文「では，このような気象変動はなぜ生じるのだろうか」を受け，「気象変動」という言葉でパラグラフが始まっており，2つのパラグラフのつながりがよくなる．

6.5　説得力のあるパラグラフの書き方

文の配列やつながり方を工夫すると同時に，記述内容を論理的にすると，説得力のあるパラグラフとなる．それには以下のことを行う．

① **データ**を示す
② **因果関係**を使う
③ **演繹法**を使う
④ **アナロジー**を使う

これらはいずれも科学の論理そのものである(p.95 コラム参照)．理系文は自然科学とその応用について書かれているから，科学の論理を使うと説得力が増す．以下，①〜④の例を挙げて説明する．

6.5.1　データを示す

測定実験を行って，そのデータを報告する例を次ページに示す．実験内容とその結果をグラフにまとめて示している．これは理系文でよく見られる例で，図(グラフ)にまとめられたデータについて説明し，その解釈をしている．解釈の後，結論「試料 A の物性値 α は温度上昇に対して一次で低下する」に達しているので，論理がうまくつながっている．

このように理系文ではデータを図や表で示したうえで，データについて述べ，その解釈をすると読み手が理解しやすい．

データをグラフで示したパラグラフ例

試料Aの物性値αの温度に対する変化を調べ，結果を図6.4に示す．物性値αは温度が上昇すると減少した．その変化は一次近似式（近似式：$y = -0.152x + 107$）で近似されたので，物性値αは温度に対して一次の変化である．したがって，試料Aの物性値αは温度上昇に対して一次で低下することがわかった．

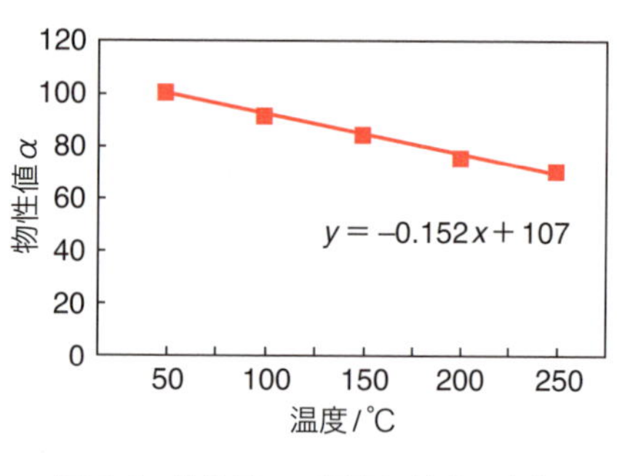

図6.4　物性値αの温度に対する変化

6.5.2　因果関係を使う

風力発電の普及が進んでいることを，因果関係を使って述べた例である．

因果関係を使って述べたパラグラフ例

風力発電の導入が進んでいる．風力発電の発電コストは約20円/kWhと低く，変換効率も高いからだ．風力発電は2000年以降急速に導入が進み，2012年末時点の累積導入量は，261.4万kW，1,887基であり，同時期の太陽光のそれ（214.4万kW）を凌ぐ（データは資源エネルギー庁HPによる）．設置場所は青森県が最多で，次いで北海道，鹿児島県と続いている．年間平均風速が6.5 m/秒以上だと安定発電が可能なのだが，これらの地域はその風が吹く場所が多いからである．

このパラグラフは結論が最初に記されている．その後に，結論である「風力発電の導入が進んでいること」の要因がきちんと述べられているので，結論が納得できる．その論理展開を図 6.5 に示す．また，この例では風力発電の導入実績（データ）も記されており，それも説得力が増す理由である．なお，文献やインターネットからデータを引用したときは，データ源を明記しておく．

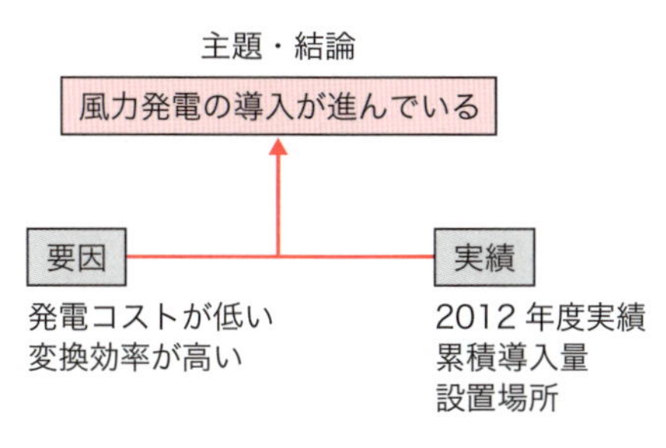

図 6.5　因果関係を用いた論理展開

6.5.3　演繹法を使う

演繹法（えんえきほう）も理系文で多く用いられる推論である．試料の構造を同定するために，既知の値（文献値）を一般法則として演繹法を用いた例を示す．

演繹法を用いたパラグラフ例

水熱法で作製した無機材料 α の結晶構造を，X 線回折（XRD）法で解析した．得られた XRD パターン（図 X）には，多くのピークが観測された．強度の大きな 3 つのピークの 2θ（d 値）は，8.52°（1.05 nm），23.2°（0.386 nm）および 25.7°（0.350 nm）であった．それに対応する層状ケイ酸化合物 PLS-1 の d 値（文献値）は，それぞれ 1.04 nm，0.384 nm および 0.349 nm である．実験値は文献値とほぼ一致している．図 X に示すその他のピークも文献値とほぼ一致していた．したがって，無機試料 α の結晶構造は PLS-1 であることがわかった．

（※図 X と引用文献は省略されている）

演繹法は，一般法則が真ならそれに含まれる事例も真であることを示す推論である．この例では，事例〔無機試料 α の XRD パターンデータ（d 値）〕が，一般法則〔PLS-1 結晶の d 値（文献値）〕に含まれている（ほぼ一致している）ことを示している．すると，一般法則は真であるから事例も真である．つまり，無機材料αの結晶構造はPLS-1である．図6.6にその概念図を示す．

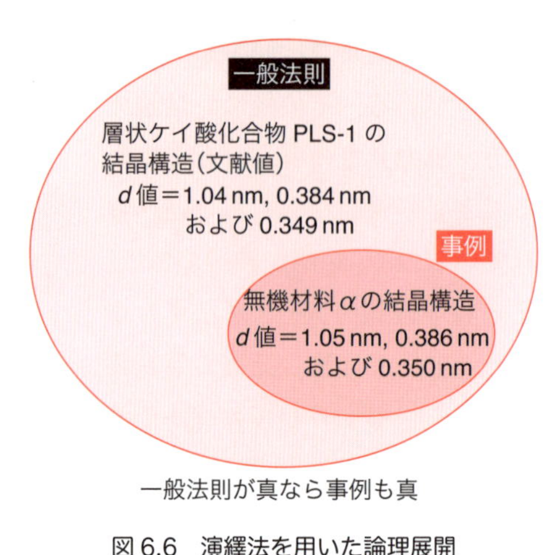

図6.6　演繹法を用いた論理展開

理系文では文献やデータベースは一般法則と考えてよい．それと実験値を比較して，実験値が一般法則に含まれているのか否かを議論する．含まれているなら，実験値に一般法則が適用されると考えてよい．

6.5.4　アナロジーを使う

アナロジー（類推）を使うと説得力が増すこともある．

アナロジーを用いたパラグラフ例

日食は太陽が欠ける現象である．これは太陽と地球の間に月が入って起こる．月食は月が欠ける現象である．両者の現象はよく似ているので，日食から類推すると，月食は太陽と月の間に地球が入って起こると考えられる．

日食も月食もよく似た現象であり，太陽，地球と月の相対的な位置により起こる．上の例文では日食から類推（アナロジー）して，月食を考察しており納得しやすい．

コラム　その6

科学の論理

人は外界をいろいろな方法で認識している．科学は，そのなかから「データ・証拠にもとづきモデルを構築して検証する」というプロセスを採用した．その結果，自然のしくみを解明することに成功し，巨大な知の体系を発展させ，その成果を応用して工学を発展させた．

科学で用いられる思考プロセスは推論である．分類すると，演繹法，帰納法，アブダクション，アナロジーと仮説演繹法に分けられる．

◆**演繹法**：一般的な前提から個別的な結論を得る推論である．すなわち，一般法則から個別の事例を導き出す推論である．

◆**帰納法**：観測や経験した多くの事例から，まだ観測や経験していないことや一般法則を導き出す推論である．

◆**アブダクション(仮説法)**：ある現象に対して，その現象の要因を説明できる仮説（モデルともいう）を提案するものである．「最善の説明への推論」ともいい，アメリカの論理学者パースが提案したものである．

◆**アナロジー（類推)**：ある現象の性質(作用・運動・物性など)を，似た現象の性質から推論する．この推論も科学ではよく用いられる．

◆**仮説演繹法**：現象に対してその要因を求め，現象を合理的に説明する推論である．仮説演繹法は図6.7のプロセスで成り立つ．実際の科学研究において科学者が用いている推論である．

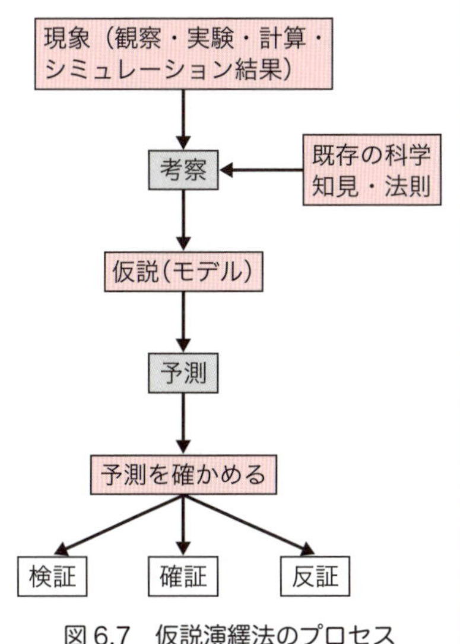

図6.7　仮説演繹法のプロセス

第7章

書き始めから書き終わりまでの手順とコツ

前章までで，文とパラグラフの書き方は理解できた．本章では，ひとまとまりの文章を作成するプロセスを述べる．すぐにはマスターできないだろうが，まずはひととおり目を通し，後で実際の文章を書くときに，振り返ってみてほしい．

文章を書く手順

1. 書く目的と伝える相手を明確にする．
2. 言語データを収集する．
3. アウトラインを作成する．
4. 文章を書く．
5. 推敲する．

文章を書くには，まず書く目的と読み手を明確にする．そして，言語データを集める．言語データは文章の素材であり詳細は後述する．これを集めると文章作成の準備が整う．次に，文章のアウトラインをつくり，文章作成に取りかかる．最後に推敲して文章が完成する．

このプロセスには，紙に書く方法とパソコンなどデジタルツールを使う方法とがある．頭脳は，手を動かして言葉を書き，目で見て考える，というプロセスを通ると活発に活動する．だから，初心者は，文章を書く段階ではパソコンを使うにしても，それ以外はペンと紙というアナログの筆記用具で行うと文章上達が早くなる．ある程度うまくなれば，全プロセスでパソコンなどのデジタルツールを使用するとよい文章が速く書ける．デジタルツールの活用については第8章で詳しく述べる．

7.1 書く目的と相手をはっきりさせる

文章を書くときには，誰に対して，どんなことを書くのかを，まず明確にする．つまり，読み手と書く目的を明らかにする．なぜなら，書く目的と伝える相手によって，内容や言葉などが違うからである．文章を書こうとしているのだから，このようなことは明確になっていると思うかもしれないが，意外にぼんやりとしているものである．すでに明確になっていると思う場合も，もう一度確認しよう．

7.2 言語データの収集とアウトラインの作成

文章を書く前に言語データを集める．これが十分に揃っていないと言いたいことが完璧に書けない．言語データを多く収集すればするほど文章が書きやすくなる．

次に言語データを整理してアウトラインをつくる．アウトラインは文章全体のおおまかな構成を示すもので，文章の設計図と言ってもよい．そのやり方には次の2とおりがある．

① 言語データの収集からアウトライン作成までを順番に行う方法
② 両者を平行して行う方法

初心者は前者①で行い，慣れたら後者②で行うとよい．ここではまず，①の方法の手順について順に述べる．

7.2.1　言語データの収集

文章を書く最初のステップは言語データを集めることである．それは明確に文として表現できる場合もあるが，頭の中のぼんやりとしたイメージかもしれないし，キーワードのような単語かもしれない．しかし，伝えたいことは文章として目に見える形で表さないと，誰にも伝えられない．だから，それらを言葉(単語・文節・文)にして集める．それが「言語データの収集」である．理系文では数値で示される数値データも含む．

①データ源

言語データのもととなるデータ源には次のようなものがある．

- 実験・調査したことやそのデータ
- 自分の頭の中にあるもの(ぼんやりとしたものも含めて)
- 辞書・事典の内容や文献・他人からの情報

これらのデータ源から伝えたいことを一つひとつ引き出し，単語・文節・文として一つひとつ収集していく．関連する言語データを多く収集すればするほど，文章作成がスムーズに進められる．できれば主語と述語をもつ文として言語データを集めると，文章を書くのが楽になる．ただし，慣れてくれば単語や文節でもかまわない．

「頭の中」にはうまく言葉に表せなかったり，明瞭な形として浮かばなかったりするものもある．マインドマップ（p.129 参照）などの支援ツールはこのようなケースで役に立つ．

「辞書・事典」にも多くのデータがある．これから書いていく文章の中身に関する基本的なことがらや言葉の定義については，当然知っていると思っているかもしれないが，実ははっきり理解していないことが多い．または，誤解していることもある．だから，辞書・事典をそばに置いて，疑問を確認するために常に調べることが大切である．

「文献や他人からの情報」も重要なデータ源である．書きたいことに関する文献情報はできるだけ広く調べて収集する．文献には書籍，雑誌，論文誌のみならずインターネット情報も含まれる．ただし，ネット情報は玉石混交だから，その取り扱いには注意する．信頼のおける書籍などで確認してから用いるとよい．

「人の話」も重要だ．直接会話で得られる情報も，テレビやラジオで語られる情報もある．間接的に伝わる情報(伝聞情報)もある．人の話は，自分で納得し他のデータや根拠で裏打ちされて信頼のおけるものを採用する．特に伝聞情報は注意する．伝えた人の恣意が入る場合もあるからだ．

いずれにしても，収集した情報を使うのは書き手であり，書いたことの責任は書き手にある．他の情報源で調べ，できれば複数の情報源が一致している情報を採用するとよい[*1]．

「数値データ」は数値で提供されるので，言語データより取り扱いが容易である．それを直接用いるケースもあるが，多くの場合はデータをまとめて表やグラフにしないと使いにくい．数値データを集めたら表やグラフにしておくとよい．

②言語データを書き出す

言語データの例を示す．再生可能エネルギーによる発電の特徴を述べるために集めた再生エネルギーの特徴に関する言語データ(1パラグラフ分，5個)である．

言語データの例

・再生可能エネルギー源である太陽光，風力や地熱のエネルギー量は膨大である．
・再生可能エネルギー源(太陽光，風力や地熱)の使用可能量は無尽蔵と言ってよい．
・無尽蔵の例．地球に降り注ぐ太陽光エネルギーは40分間で世界の1年分のエネルギー量に等しいと言われている．出典：日経サイエンス，2008年4月号，36-46ページ．
・再生可能エネルギーによる発電はCO_2をほとんど排出しない．
・再生可能エネルギーによる発電は，地球温暖化の防止効果が大きいと期待される．

*1 そうは言っても，1ヵ所からの情報しかないときもある．その場合は，自分の考えと照らし合わせて採否を考える．

この例ではデータは文になっている．集めた言語データは，慣れないうちは一つひとつをカードか大きな紙に書き出す．図 7.1 に，データを書き出した例を示す．

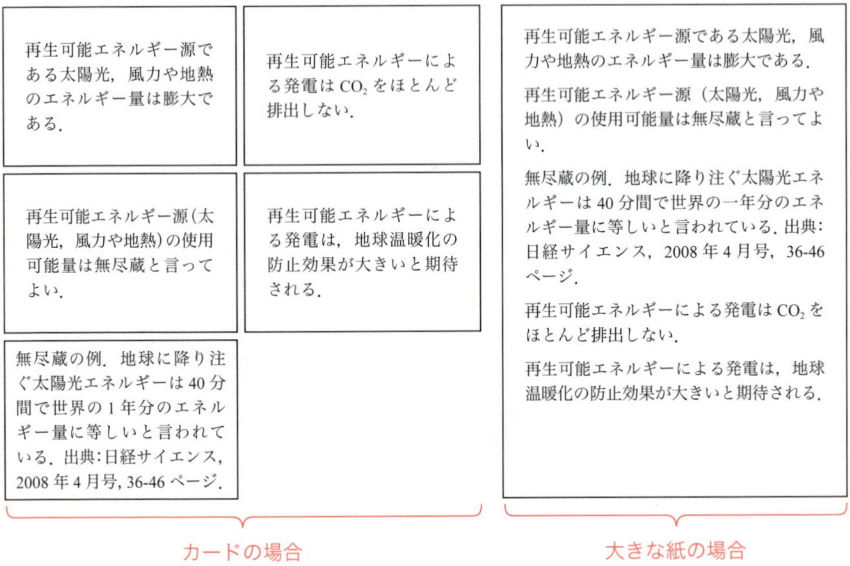

図 7.1　言語データ

カードは B6 ～ B7 や A6 ～ A7 判程度の大きさが取り扱いやすく，書くのも容易なので適切である．少し慣れたら，B4 か A3 判くらいの大きな紙に，データをすべて順不動で書き出す．大きな紙に書くときは，一つひとつの言語データの間隔をあけると次の作業がやりやすい．表やグラフは貼り付ける．

これで文章作成のための材料が揃ったが，このままでは文章は書けない．文章を作成する前に，集めた言語データを分類・整理して群にまとめ，アウトラインをつくる．言語データ収集からアウトラインまでのプロセスを図 7.2 に示す．アウトラインを理系文の論理構成（第 3 章 p.33）と合致させると，論理的でわかりやすい文章を書くことができる．

7.2.2　言語データの分類・整理 ——群にまとめる

まず，言語データのうち似ているものを集め，重複しているものはどちらかを削除する(図 7.2 a)．この段階では，中身は同じだが表現が異なるものは別のものとして取り扱う．文章作成時にはいろいろな表現が必要であり，そのとき役に立つからである．

こうしていくつかの群ができる．それを言語データ群という．これに群の内容を言い表す言葉や文を群タイトルとしてつける．図 7.2 b では A 群から E 群までつくられている．

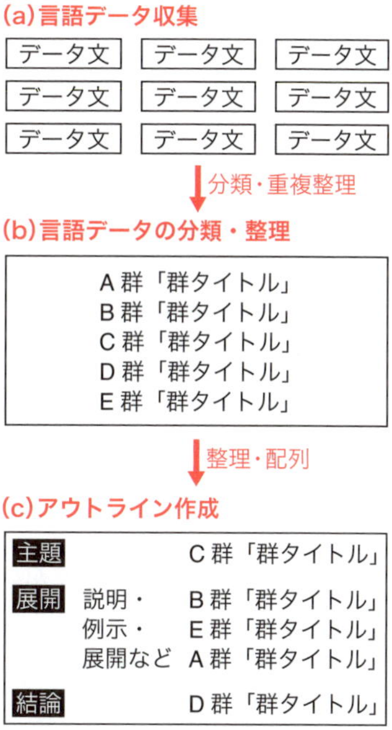

(a)言語データ収集

データ文	データ文	データ文
データ文	データ文	データ文
データ文	データ文	データ文

↓分類・重複整理

(b)言語データの分類・整理

A 群「群タイトル」
B 群「群タイトル」
C 群「群タイトル」
D 群「群タイトル」
E 群「群タイトル」

↓整理・配列

(c)アウトライン作成

主題		C 群「群タイトル」
展開	説明・	B 群「群タイトル」
	例示・	E 群「群タイトル」
	展開など	A 群「群タイトル」
結論		D 群「群タイトル」

図 7.2　言語データ収集からアウトライン作成までのプロセス

①カードに書く

カードに言語データを書いたのなら，言語データ群をつくる作業は容易である．似ているカードを集め，重複しているものは取り除き，データ群ごとに束ねる．群タイトルを新しいカードに書き，集めたカードの一番上に置く．

②大きな紙に書く

論旨がまだぼんやりとしているときもある．そのときはあまり順序を考えないで，思いつくことを大きな紙に，言葉の間隔を大きくとって書いていくとよい．ランダムでもかまわない．大きな紙に言語データを書いたのなら，似ているものに蛍光ペンなどで下線を引くかマークする．いろいろな色の蛍光ペンを用意すると作業は楽である．言語データの前に○や△の記号を付けるやり方もある．群タイトルを紙のどこかにまとめて書くと次の作業が楽である．どの群タイトルがどのデータ群に対応しているかわかりやすくするため，この両者は同色の蛍光ペンを使うか同じ記号を使う．

(a)カードの場合

群タイトル
群タイトル
群タイトル

(b)大きな紙の場合

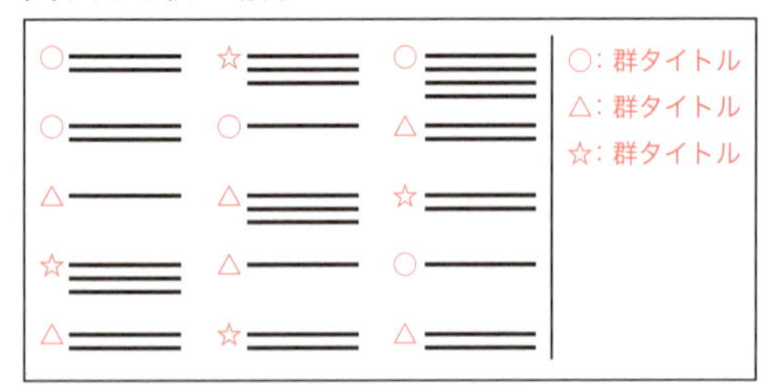

図 7.3　群にまとめる方法

図7.3に例(1パラグラフ分)を示す. これで文章作成のための準備が整った.

7.2.3 アウトライン作成

言語データの分類・整理が終わったら，文章全体のおおまかな構成を示す設計図となるアウトラインを作成する（図 7.2 c）. その手順は，次の①～③である.

①主題または結論を置く

文章には主題を最初に置くものと結論を最初に置くものがある. いずれの場合も，新たなカードか，大きな紙の最上部に，「主題」または「結論」と書いてその下に具体的な文を書く. 主題や結論の文字は大きくしたり色を変えたりするとめだってよい. 文章を書くときには，書き手が主題・結論をよく認識しておく必要があるからである.

主題・結論に対応する言語データ群があるときは，それを主題・結論の下に置けばよい. 図 7.2 c では主題が最初に置かれ, C 群がそれにあたる.

②展開を配列する

展開に対応する言語データ群を配列する. 図 7.2 の例では，B，E および A 群である. 配列するときは書き手の意図と合致するように並べる. 具体的な配列例を図 7.4 に示す.

言語データ群を大きな紙に書いた場合は，これらを群ごとに整理して別の紙にもう一度書くとよい. データ群の上に群タイトルを付ける. 上で述

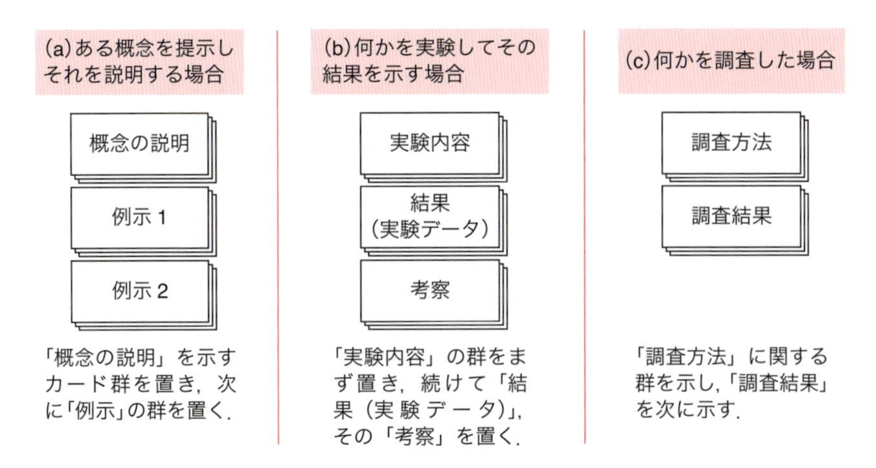

図 7.4　展開部分の配列例（カードの場合）

べた言語データ群の収集と群タイトル作成と同じプロセスである．次に，論旨を考えて，どのようにそれらを結びつけて展開するかを考える．データ群を矢印で結びつけてもよい．それがアウトラインになる（図 7.5）．

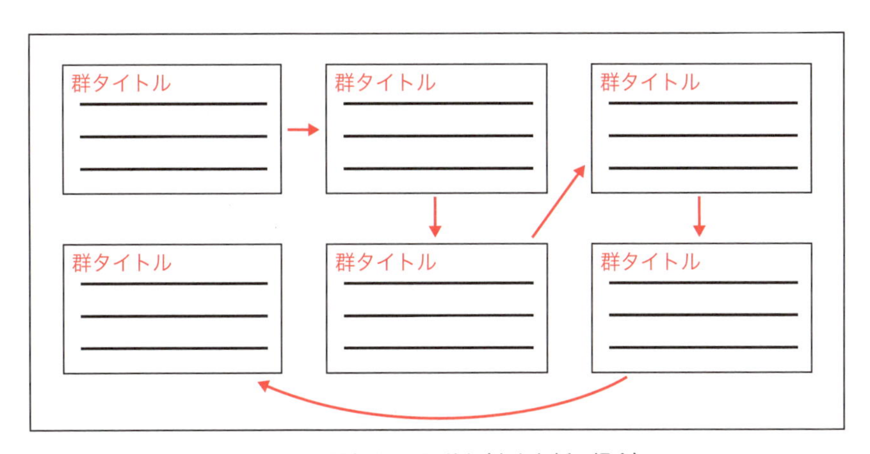

図 7.5　展開部分の配列例（大きな紙の場合）

③結論を置く

主題を最初に置くケースでは，結論に対応する言語データ群がある．その群タイトルを結論として最後に置く．図 7.2 では D 群にあたる．大きな紙の場合は結論を蛍光ペンでマーキングする．結論を最初に置くケースでは，最後に結論は置かれない．

7.2.4 言語データの収集とアウトライン作成を同時進行する

文章を書くのに慣れてくると，言語データ収集とアウトライン作成は同時進行できる．書く目的と伝える相手を念頭に置き，「主題」，「展開」，「結論」を考えながら，大きな紙(B4からA3)にアウトラインを書き込んでいく．

データは文がよいが単語や文節でもかまわない．データどうしの間隔は大きくとっておく．論旨が明確になっているなら，言語データを前から順番に書いていく．ひととおり書けたらもう一度最初から見直し，不足分を書き加える．このプロセスを数回行うと文章のアウトラインができあがる．

この方法をうまく行うコツは，1 回ですべてを書ききると思わないことである．何回も繰り返すと，最初は気づかなかったことにも気づくようになり，洗練されたアウトラインができあがる．完成したらただちに文章作成に移ってもよいが，できればひと晩寝かして，翌日もう一度見直すとよい．ひと晩寝かすことにより，新しい言葉や考えが出てくるものだ．

マインドマップ(p.129 参照)などの支援ツールを使うのも有効だ．また，紙に書くアナログでもよいが，パソコンなどのデジタル機器を使うとさらに便利である．この活用法は第 8 章で述べる．

7.3 文章を書く

7.3.1 言語データを配列する

アウトラインを見ながら文章を書いていく．アウトラインに記された言語データを論旨の順序に配列する．手を使って書いてもよいが，ワープロを使うと便利である[*2]．ワープロでは，言語データを入力しなくても，コピー＆ペーストして文章を書いていくことができる(p.129 図 8.2 参照)．

7.3.2　結合・削除・追加・化学変化させる

ひととおり終えたら次の作業に移る．それは，データ（文）の結合・削除・追加・化学変化である．

① **結合**：配列された言語データのうち，つなげるとリズムがよいものはつなげる．すると，少しずつ文がつながり文章らしくなる．
② **削除**：これらの文を読み直して，不要箇所を削除する．
③ **追加**：原稿を読んでみると不足するものがあることに気づく．言語データは完璧ではない．文章を書いてみると言葉足らずのところや論理の飛躍がどうしてもあるものだ．不足するところは調べ直してデータを追加する．論理が飛躍しているところは階段を一歩ずつ登るように論理を構築し直して書き足す．
④ **化学変化**：文を他の言葉で言い換えたり，いくつかの文を合わせて別の言葉でまとめたりする．この過程が最も重要である．わかりやすい文章をつくることは言語データ（文）を変化させることである．あたかも化学物質が外部からの作用や試薬で化学変化するように，文という化学物質を人の頭脳で化学変化させるのだ．

このプロセスは何回も検討を続けながら行う．最終的に読んでみてスーッと筋道が通る文章になれば成功である．

7.3.3　わかりやすい文章とし説得力をもたせる

文章が論理的になるようにアウトライン作成時に配慮しているはずだが，もう一度文章全体を見直してわかりやすくて説得力のある文章になるよう練る．具体的には前章までに述べたように，「理系文の特徴をもつように書き」，「科学の論理を使い」，「パラグラフをリズムよくつなげる」よ

*2　現代の多くの作家はワープロで執筆する．そうしたなか，イギリスの作家ジェフェリー・アーチャーは執筆する小説は全文手書きだそうだ．推敲も手書きで行うという．アーチャーにとっては手書きのほうが文のリズムを取りやすいのだろう．

うにする.「簡潔に書く」ことも重要である.

それらの文章作成のポイントをまとめて以下に7箇条として示す. 説明したページも付しておく, あらためて参照してほしい.

説得力のある文章作成のポイント　7箇条

① 文章作成の**目的**を明らかにし, **相手(読み手)**を決める【p.25】
② **重要なこと**を最初に書く【p.27】
③ **論理的**に書き, 論理を一貫させる【p.29】
④ 適切な**言葉**を用いる【p.60】
⑤ **簡潔**に書く
⑥ **科学の論理**を使う【p.91】
⑦ **パラグラフ**をうまくつなぐ【p.90】

7.4 必ず推敲(すいこう)する

文章ができた瞬間には書き手は「完璧だ」と思っている. しかし, 文章を見直してみると多くの問題点があることに気づく. 言葉の書き間違いや変換ミスといった単純な間違いもあるし, データの転記ミスもあるし, 冗長な言葉や文もあり, 逆に言葉足らずの箇所や論理が飛躍している箇所もある. だから, 文章が完成したら必ず推敲し, より完成度の高い原稿にする.

推敲の方法には, 印刷された原稿を使う方法(アナログ法), パソコン画面上で行う方法(デジタル法)およびそれらをミックスした方法(アナログ＋デジタル法)がある. 本章では「アナログ法」による推敲を述べ,「デジタル法」と「アナログ＋デジタル法」は第8章で述べる.

推敲は原稿を印刷することから始める. 印刷した原稿を見て以下に述べることを赤字で書き込んでいく. このとき文の行間を通常より少し広げて印刷しておくと修正文を書き込みやすい. アナログ法の場合は修正すべきことを, この段階ですべて書き込むことが大事である.

7.4.1　推敲で行うこととそのポイント

推敲を行うときのポイントを 10 箇条にまとめた．

推敲の観点　10 箇条

文字と文に関して

1. **誤字脱字**はないか
2. **用語**は適切か
3. **主語**は適切か，**述語**と対応しているか
4. **1 文 1 義**か
5. **言葉足らず**はないか
6. **冗長な文**はないか

論理展開に関して

7. 文章の**論理構成**は適切か
8. パラグラフの最初に**主題・結論**を置いたか
9. **図表**と**図解**は適切か
10. **引用文献**は適切か

①文字と文に関する推敲

1. 誤字脱字はないか：ワープロ入力では誤字や脱字が意外と多い．変換ミスもある．文章を読みながらこれらを修正する．
2. 用語は適切か：専門用語は特に適切に用いねばならない．その他の用語も不安があれば辞書や辞典などで確認する．
3. 主語は適切か，述語と対応しているか：主語を明確に意識しなくても文章は何となく書ける．そのため，置くべき主語を省いていたり，置かなくてもよい主語が置かれていたりすることが多い．主語が本来のものと異なっていることもあるので，それも修正する．また，主語と述語が対応していない場合も多いので，注意して読み直す．
4. 1 文 1 義か：読点 (,) でつながる長い文章を書き，その結果，1 つの文

に2つ以上のことを盛り込んでしまうことがある．これは私たちの発想が途切れることなく続いていくことに起因する．平安時代の昔から日本人の文章には読点がなく延々と言葉が連なるのが一般的であった．句点もないから文がどこで切れているか，慣れないとわかりにくい．読点や句点を打ったのは近代に入ってからだ．だから，意識しないと，読点や句点を明確に打てず，複数のことが書かれた文を書いてしまう．

5. 言葉足らずはないか：初心者は，冗長よりも言葉足らずに気をつける．言葉が少なくて通じない文章を書きがちだからである．書き手は書く内容を十分把握しているので，こんなことは読み手は知っているだろう，書かなくてもわかるだろうと思い込みがちだ．文章は言葉を書きつないで創るものである．言葉をつなぐことを面倒がってはいけない．

6. 冗長な文はないか：言葉足らずを解決したら，冗長部分を検討する．繰り返し同じ言葉や表現を使うのは冗長である．同じことを何度も説明するのも冗長である．読み手をイライラさせる．推敲前の文章には，このような箇所が多く存在するはずである．同じ言葉や表現がその箇所で必要かよく考え，不要なら削除する．その言葉や表現が必要だとしても，言葉を変えたり，表現を改めたりすると冗長さが薄れる．

②論理展開に関する推敲

7. 文章全体の論理構成は適切か：これは，意図に合わせてパラグラフを配列しているか，ということである．具体的には，パラグラフはなめらかに論理的につながっているか，科学の論理を使っているか，などに注意する．読んでいてゴツゴツとした印象や理解できない箇所があれば論理構成が悪いのだ．配列の順序をもう一度見直し，構成を考え直す．

8. パラグラフの最初に主題・結論を置いてあるか：理系文ではパラグラフの主題・結論は最初に置く．日本人はどうしても前提条件やまわりのことを言ってから核心（主題・結論）を言いたいから，パラグラフの最初に主題・結論を置かないで途中や最後に置きがちである．主題・結論をパラグラフの最初に置くように構成を見直す．言語データの群タイトルをパラグラフの最初に書けばよいのだが，それがいつもうまくいっているとは限らない．

9. 図表と図解は適切か：図表は正しく描かれているか．図表を本文で適切に説明しているか．データの転記ミスはないか．図表の番号を間違えていないか．これができていないことが意外に多い．

10. 引用文献は適切か：引用文献は適切に示されているか．引用箇所を間違えていないか．意外かもしれないが，この項目も間違えることが多い．

7.4.2　推敲のコツと回数

①推敲のコツ

第一のコツ：原稿を書き上げてすぐに推敲しない．原稿を印刷してその日の作業は終了である．原稿はひと晩寝かす．翌日印刷原稿を見直す．このとき音読をする．リズムの悪い文章は改訂すべき点が必ずあるからだ．

第二のコツ：自分とは異なるもう一人の自分を登場させる．書き手である自分とは異なる読み手としての自分を登場させて，その人の目で原稿の論理と文を納得できるか吟味しながら読むのだ．

第三のコツ：文章全体の印象を見ることから始める．図表は適切な位置にあるか．章・節・項の番号は間違えていないか．空間や漢字の割合はよいか．ビッシリと文字が詰まった文章は読みにくく，それを見ただけで理解しようという気が失せるものと思ってほしい．文字が詰まった原稿なら文字間隔やレイアウトを変える．文章中の漢字の比率は30％程度が読みやすいと言われている．漢字が多い文章は，得てして簡単に書けることを漢字を使って難しく書いてあるものだ．漢字を別のやさしい表現に変えるとわかりやすくなる．

第四のコツ：文章のアウトラインを横に置いて行う．アウトラインの論理展開になっているか，確認しながら進める．このとき，p.107で示した「推敲の観点10箇条」を参照しながら進めると見落としのない推敲を行うことができる．

②推敲は少なくとも2回

文章を推敲したら改訂稿を書く．可能ならひと晩原稿を寝かした後で改訂稿をもう一度推敲する．2回の推敲を経て完成稿ができる．

慣れてきたらパソコンを使うと効率がアップする．パソコンとの協同作業は次の第8章で述べる．

7.5 実際の文章作成例

では，実際に文章を書いてみよう．以下の文章(完成稿)を書き上げていくプロセスを，1～6まで順を追って見ていく．

完成稿例

再生可能エネルギーによる発電

再生可能エネルギーによる発電が注目されている．なぜなら，石油や石炭などの化石燃料の枯渇が問題になっているからである．また，人間の活動による CO_2 排出を削減しないと，地球温暖化が急速に進行するからでもある．

再生可能エネルギーによる発電には2つの特徴がある．第一の特徴は，そのエネルギー源（太陽光・風力・地熱）のエネルギー量が膨大であり，使用可能量も無尽蔵と言ってよいことである．たとえば，地球に降り注ぐ太陽光エネルギーは40分間で世界の1年分のエネルギー量に等しいと言われている（日経サイエンス，2008年4月号，36-46ページ）．第二の特徴は CO_2 をほとんど排出しないことであり，地球温暖化の防止効果も大きいと期待されている．以下にその一例として太陽光発電の原理と現状を概観する．

太陽光発電は，光起電力効果により太陽光の光エネルギーを電気エネルギーに変換するものである．光起電力効果は，以下のプロセスで電子と正孔を生じ，電気を発生させる．半導体をpn接合させると，その接合界面は空乏層となる．半導体にバンドギャップ以上のエネルギーをもつ光を照射すると，価電子帯の電子が伝導帯へ遷移する．価電子帯の電子の抜け穴は正孔となる．電子を外部回路へ移動させると電気を取り出せる．

太陽はわれわれの時間尺度ではほぼ永遠に輝き続ける．雨天時や夜間の運転が不可というデメリットをもちながらも，無尽蔵のエネルギー源と言ってよい．太陽光発電装置は建物の屋上や壁などに設置できる．だから，専用の用地を確保しなくてもよいというメリットもある．

そのため，再生可能エネルギーのなかでは，一歩先んじて普及が進んでいる．2010 年度における太陽光発電導入量は，214.4 万 kW で 2007 年度の実績値 113.2 kW の約 2 倍に増加した（エネルギー白書 2013，資源エネルギー庁）．最近は，大規模太陽光発電所（メガソーラー）の運転計画が多く提案されている．これが実現すれば相当量の発電規模になるだろう．

しかし問題点もある．太陽光発電のコストは約 40 円/kWh（2013 年時点）であり，風力発電や地熱発電のそれ（約 20 円/kWh）（2013 年時点）と比べると高く（資源エネルギー庁 HP），コスト低減は今後の大きな課題である．ほかにも，発電効率の向上や設置・維持コストの低減など取り組むべき課題は多い．

7.5.1 プロセス 1——書く目的と伝える相手を明確にする

この例文では，書く目的は「再生可能エネルギーによる発電の概略を知らせること」であり，伝える相手は「理科系の一般知識をもつ若いビジネスパーソンと大学生」と，明確にした．

7.5.2 プロセス 2——言語データを収集する

それぞれに関する言語データを取得した．データ源は，理科系の専門雑誌，テキストや資源エネルギー庁や産業総合技術研究所のホームページなどである．以下のデータが集まった[*3]．

*3 実際の言語データはまとまりがないものであるが，ここでは紙幅の関係上，類似のものは言語データ群としてまとめてあり，群タイトルもつけてある．また，書く順序に合わせて並べてある．

言語データ

A群　主題・結論

群タイトル「再生可能エネルギーが注目されている」

・再生可能エネルギーによる発電が注目されている.
・石油や石炭などの化石燃料の枯渇が問題になっている.
・人間活動による CO_2 排出を削減しないと，地球温暖化が急速に進行する.

B群　変化・展開

群タイトル「再生可能エネルギーによる発電の特徴」

・再生可能エネルギー源である太陽光・風力・地熱のエネルギー量は膨大である.
・再生可能エネルギー源(太陽光・風力・地熱)の使用可能量は無尽蔵と言ってよい.
・無尽蔵の例．地球に降り注ぐ太陽光エネルギーは40分間で世界の1年分のエネルギー量に等しいと言われている．出典：日経サイエンス，2008年4月号，36-46ページ.
・再生可能エネルギーによる発電は CO_2 をほとんど排出しない.
・再生可能エネルギーによる発電は，地球温暖化の防止効果が大きいと期待される.

C群　説明

群タイトル「太陽光発電とは」

・太陽光発電は，光起電力効果により太陽光の光エネルギーを電気エネルギーに変換するものである.
・光起電力効果は，半導体のpn接合に光を照射することにより電子と正孔を発生するものである.
・そのプロセス①：半導体をpn接合させると，その接合界面は空乏層となる.
・そのプロセス②：半導体にバンドギャップ以上のエネルギーをもつ光を照射すると，価電子帯の電子が伝導帯へ遷移する．価電子帯の電子の抜け穴は正孔となる.
・そのプロセス③：電子を外部回路へ移動させると電気を取り出せる.

D群　説明

群タイトル「太陽光発電の特徴」

・特徴①：太陽はわれわれの時間尺度ではほぼ永遠に輝き続ける．

・特徴②：エネルギー源としてはほぼ無尽蔵である．

・特徴③：太陽光発電装置は建物の屋上や壁などに設置できる．だから，専用の用地を確保しなくてもよい．

・デメリット：雨天時や夜間の運転が不可

E群　説明

群タイトル「太陽光発電の現況」

・再生可能エネルギーのなかでは，一歩先んじて普及が進んでいる．

・2010年度における太陽光発電導入量は，214.4万kWで2007年度の実績値113.2kWの約2倍に増加した．出典：エネルギー白書2013，資源エネルギー庁．

・最近は，大規模太陽光発電所（メガソーラー）の運転計画が多く提案されている．

・これが実現すれば，相当量の発電規模になるだろう．

F群　説明

群タイトル「太陽光発電の問題点」

・太陽光発電のコストは約40円/kWh（2013年時点）である．

・風力発電や地熱発電は約20円/kWh（2013年時点）である．

・太陽光発電は風力発電よりコストが高い．出典：資源エネルギー庁HP．

・コスト低減は今後の大きな課題である．

・発電効率の向上や設置・維持コストの低減など取り組むべき課題は多い．

7.5.3　プロセス3――アウトラインを作成する

群に分けた言語データをもとに，文章の構成を決めてアウトラインを作成した．アウトラインには，群タイトルを書き込んだ．

文章全体のアウトライン

再生可能エネルギーによる発電

主題・結論	(A群)	再生可能エネルギーが注目されている
変化・展開	(B群)	再生可能エネルギーによる発電の特徴
説明	(C群)	太陽光発電とは
説明	(D群)	太陽光発電の特徴
説明	(E群)	太陽光発電の現況
説明	(F群)	太陽光発電の問題点

7.5.4 プロセス4——パラグラフを書く

アウトラインを見ながら，言語データを並べて文章を書いていった．まず，群の順序に従い，対応する言語データを並べて文章にし，パラグラフをつくった．それだけではつながりが悪いので，改訂(結合・削除・追加・化学変化) する．パラグラフをわかりやすく書ければ，文章全体がわかりやすくなる．そこで，B群を例にとってパラグラフの書き方を述べる．

①言語データからアウトラインへ

B群の言語データをもう一度示す．

B群の言語データ

変化・展開

群タイトル「再生可能エネルギーによる発電の特徴」

・再生可能エネルギー源である太陽光・風力・地熱のエネルギー量は膨大である．

・再生可能エネルギー源(太陽光・風力・地熱)の使用可能量は無尽蔵と言ってよい．

・無尽蔵の例．地球に降り注ぐ太陽光エネルギーは40分間で世界の1年分のエネルギー量に等しいと言われている．出典：日経サイエンス，2008年4月号，36-46ページ．
・再生エネルギーによる発電は CO_2 をほとんど排出しない．
・再生エネルギーによる発電は地球温暖化の防止効果も大きいと期待される．

このパラグラフは文章全体の主題・結論を受けて，主題を変化させ展開させるところであり，「再生可能エネルギーによる発電の特徴」を述べる．

言語データを用いてこのパラグラフのアウトラインを作成した．パラグラフの主題・結論は群タイトルである．

パラグラフのアウトライン

パラグラフの主題：再生可能エネルギーによる発電の特徴を述べる

説明　再生可能エネルギー源である太陽光・風力・地熱のエネルギー量は膨大である．

説明　再生可能エネルギー源（太陽光・風力・地熱）の使用可能量は無尽蔵と言ってよい．

例示　無尽蔵の例．地球に降り注ぐ太陽光エネルギーは40分間で世界の1年分のエネルギー量に等しいと言われている．出典：日経サイエンス，2008年4月号，36-46ページ．

説明　再生可能エネルギーによる発電は CO_2 をほとんど排出しない．

展開　再生可能エネルギーによる発電は，地球温暖化の防止効果が大きいと期待される．

②第一稿の結合・削除・追加・化学変化

上に示すアウトラインに従い言語データを並べてパラグラフをつくった．以下は第一稿である．

B群のパラグラフ第一稿（言語データの配列）

再生可能エネルギーによる発電の特徴を述べる．再生可能エネルギー源である太陽光･風力･地熱のエネルギー量は膨大である．再生可能エネルギー源(太陽光・風力・地熱)の使用可能量は無尽蔵と言ってよい．無尽蔵の例．地球に降り注ぐ太陽光エネルギーは 40 分間で世界の 1 年分のエネルギー量に等しいと言われている．出典:日経サイエンス, 2008 年 4 月号, 36-46 ページ．再生可能エネルギーによる発電は CO_2 をほとんど排出しない．再生可能エネルギーによる発電は, 地球温暖化の防止効果が大きいと期待される．

このパラグラフは言語データを並べたが，同じ言葉や似た言葉が何回も出る．また，文のつながりも悪い．そこで，文をつないだり(結合)，不要な言葉を削ったり(削除)，言葉や文を補ったり(追加)，別の言葉に変える(化学変化)．次に，その具体例を挙げた．

削除の例 **原文** ①無尽蔵の例．地球に降り注ぐ太陽光エネルギーは 40 分間で世界の 1 年分のエネルギー量に等しいと言われている．②出典：日経サイエンス，2008 年 4 月号，36-46 ページ．

削除の例 **改訂文** ①たとえば，地球に降り注ぐ太陽光エネルギーは 40 分間で世界の 1 年分のエネルギー量に等しいと言われている②(日経サイエンス，2008 年 4 月号，36-46 ページ)．

①「無尽蔵の例」は削除し，「たとえば」を加えた．
②「出典」を削除して文献を括弧に入れた．

結合・追加・化学変化の例 **原文** 再生可能エネルギーによる発電の①特徴を述べる．②③再生可能エネルギー源である④太陽光・風力・地熱のエネルギー量は膨大⑤である．太陽光・風力・地熱の使用可

①第一文（主題・結論文）と第二文のつながりが悪い．「特徴を以下に述べる」のでそれを明記した．
②第二文以下はそのひとつを述べているので，「まず」と続けた．

能量は無尽蔵と⑤言ってよい．

結合・追加・化学変化の例 **改訂文** 再生可能エネルギーによる発電の①特徴を以下に述べる．②まず，③そのエネルギー源④（太陽光・風力・地熱）のエネルギー量は膨大で⑤あり，使用可能量も無尽蔵と言ってよい⑤ことである．

③「再生可能エネルギー」は前文にあるので，「その」と代名詞で受けた．
④エネルギー源は太陽光・風力・地熱なので括弧に入れた．
⑤第二文と第三文はつなげて1文とし，主語と述語を対応させる．

削除・追加・化学変化の例 **原文** ②再生可能エネルギーによる①発電は CO_2 をほとんど排出しない．③再生可能エネルギーによる発電は，地球温暖化の防止効果が大きいと期待④される．

削除・追加・化学変化の例 **改訂文** ②さらに，再生可能エネルギーによる発電の①第二の特徴は CO_2 をほとんど排出しない③ことであり，地球温暖化の防止効果も大きいと期待④されている．

①この2文は再生可能エネルギーによる発電の第二の特徴を述べているから，そのことを明記した．
②同時に，前の文とのつながりをよくするために，「さらに」と接続詞を使う．
③第一文と第二文をつなげて1文とし，第二文の主語を省いた．
④いま期待されているのだから，それがわかるように「期待されている」とする．

こうして次の第二稿ができた．

B群のパラグラフ第二稿

再生可能エネルギーによる発電の特徴を以下に述べる．まず，そのエネルギー源（太陽光・風力・地熱）のエネルギー量は膨大であり，使用可能量も無尽蔵と言ってよいことである．たとえば，地球に降り注ぐ太陽光エネルギーは40分間で世界の1年分のエネルギー量に等しいと言われている（日経サイエンス，2008年4月号，36-46ページ）．さらに，再生可能エネルギーによる発電の第二の特徴は CO_2 をほとんど排出しないことであり，地球温暖化の防止効果も大きいと期待されている．

7.5.5 プロセス5――文章全体を書く

前節で述べたプロセスで他のパラグラフも書き，第二稿を作成した．

文章全体の第二稿

再生可能エネルギーによる発電が注目されている．石油や石炭などの化石燃料の枯渇が問題になっているからである．また，人間の活動によるCO_2排出を削減しないと，地球温暖化が急速に進行するからである．

再生可能エネルギーによる発電の特徴を以下に述べる．まず，そのエネルギー源（太陽光・風力・地熱）のエネルギー量は膨大であり，使用可能量も無尽蔵と言ってよいことである．たとえば，地球に降り注ぐ太陽光エネルギーは40分間で世界の1年分のエネルギー量に等しいと言われている（日経サイエンス，2008年4月号，36-46ページ）．さらに，再生可能エネルギーによる発電の第二の特徴はCO_2をほとんど排出しないことであり，地球温暖化の防止効果も大きいと期待されている．

太陽光発電とは，光起電力効果により太陽光の光エネルギーを電気エネルギーに変換するものである．光起電力効果は，半導体のpn接合に光を照射することにより電子と正孔を発生するものである．そのプロセスはまず半導体をpn接合させると，その接合界面は空乏層となる．半導体にバンドギャップ以上のエネルギーをもつ光を照射すると，価電子帯の電子が伝導帯へ遷移する．価電子帯の電子の抜け穴は正孔となる．電子を外部回路へ移動させると電気を取り出せる．

太陽光発電の特徴は3つある．第一は太陽はわれわれの時間尺度ではほぼ永遠に輝き続けることである．第二はエネルギー源としてはほぼ無尽蔵である．第三は太陽光発電装置は建物の屋上や壁などに設置できるので，専用の用地を確保しなくてもよいことである．デメリットもある．それは雨天時や夜間の運転が不可ということである．

太陽光発電の現況は，再生可能エネルギーのなかでは，一歩先んじて普及が進んでいることである．2010年度における太陽光発電導入量は，214.4万kWで2007年度の実績値113.2kWの約2倍に増加した（エネルギー白書2013，資源エネルギー庁）．最近は大規模太陽光発電所（メガソーラー）の運転計画が多く提案されている．これが実現すれば，相当量の発電規模になるだろう．

しかし問題点もある．太陽光発電のコストは約40円/kWh（2013年時点）である．一方，風力発電や地熱発電は約20円/kWh（2013年時点）である．だから，太陽光発電は風力発電よりコストが高い（出典：資源エネルギー庁HP）．コスト低減は今後の大きな課題である．発電効率の向上や設置・維持コストの低減など取り組むべき課題は多い．

7.5.6 プロセス6——推敲する

第二稿はいちおう原稿としてはできている．しかし完成稿ではない．必ず推敲して完成稿とする．先に例示したB群のパラグラフにあたる第二パラグラフを例に，その具体例を以下に示す．

第二パラグラフ第二稿

再生可能エネルギーによる発電の特徴を①以下に述べる．まず，そのエネルギー源（太陽光・風力・地熱）のエネルギー量は膨大であり，使用可能量も無尽蔵と言ってよいことである．たとえば，地球に降り注ぐ太陽光エネルギーは40分間で世界の1年分のエネルギー量に等しいと言われている（日経サイエンス，2008年4月号，36-46ページ）．②さらに，再生可能エネルギーによる発電の第二の特徴はCO_2をほとんど排出しないことであり，地球温暖化の防止効果も大きいと期待されている③．

この原稿の問題点は以下のとおりである．

① このパラグラフは再生可能エネルギーによる発電の特徴を2つ述べているのだが，それが文章中には明示されておらずわかりにくい．

②「さらに，再生可能エネルギーによる発電の」は冗長な印象を与える．この文は省いても文意は十分伝わる．

③ 次のパラグラフとの連結が悪く，うまくつながらない．

該当箇所を文中に赤字で示し，それらを以下のとおり改訂した．

原文　再生可能エネルギーによる発電の①特徴を以下に述べる．まず，

改訂文　再生可能エネルギーによる発電①には2つの特徴がある．第一の特徴は，

①この発電の特徴は2つあるのだからそれを明示した．

原文　②さらに，再生可能エネルギーによる発電の第二の特徴は

改訂文　②第二の特徴は

②「さらに」と「再生可能エネルギーによる発電の」は削除すると文がすっきりするので省いた．

原文　<次のパラグラフの呼び水なし>

改訂文　③以下にその一例として太陽光発電の原理と現状を概観する．

③呼び水を追加した．

これらの推敲により以下の完成稿ができた．

第二パラグラフ完成稿

再生可能エネルギーによる発電には2つの特徴がある．第一の特徴は，そのエネルギー源（太陽光・風力・地熱）のエネルギー量が膨大であり，使用可能量も無尽蔵と言ってよいことである．たとえば，地球に降り注ぐ太陽光エネルギーは40分間で世界の1年分のエネルギー量に等しいと言われている（日経サイエンス，2008年4月号，36-46ページ）．第二の特徴はCO_2をほとんど排出しないことであり，地球温暖化の防止効果も大きいと期待されている．以下にその一例として太陽光発電の原理と現状を概観する．

他のパラグラフも同様に推敲していき，本節冒頭に示した文章ができた．

コラム その7

添 削

推敲は難しい．文章を多く書いている人でも，推敲するときは文をどう直そうかと思い悩むものである．初心者は推敲が終了し自分で文章が完成したと思ったら，誰かに見てもらうのがよい．教官や上司にお願いできるなら適任である．

赤字で添削されることをいやがってはいけない．添削する人はあなたのために時間を取って，まずい文章を読まされているのだから，むしろ感謝すべきなのだ．

添削されたところを何度も読み直して，そのとおりもう一度書いてみる．原文と添削文を見比べてみて，どこがどう違うかを考える．その作業が大事である．時間があるなら，直されたところについて質問するとよい．説明してくれるだろう．なるほど，と思えば次からは改善される．また，書き直してもう一度添削してもらってもよい．さらによくなるだろう．文章は改訂すればするほどよくなるものだ．

赤字のところだけを書き直して終わり，ではいつまで経っても文章はうまくならない．

ただし，添削者も間違えることがある．初心者に質問されて別の書き方やもっとよい書き方があることを発見することもある．添削をする側も添削によって文章力が鍛えられる．

自分の推敲が終わったら~~文章は完成である~~．
誰かに見てもらうのがよい

添削でたくさん赤字で修正されてしまうのは，~~いやなことである~~．
いやがってはいけない．むしろ感謝すべきだ

第8章

デジタルツールの効果的な活用法

脳で発想した言葉のつながりを，筆記用具を使って紙などに書くことにより文章が生まれる．それ自体は典型的なアナログプロセスである．しかし，21 世紀の現在，すべてのプロセスをアナログで行う必要はない．パソコンなどのデジタルツールを有効に使うと文章を効率的に書けるだけでなく，体裁よく書ける．また，文章作成に便利で有益なツールが，インターネット上にたくさんある．それらを使わない手はない．

8.1 パソコンを活用しよう

パソコンは文章作成に便利なデジタル機器である．デスクで落ち着いて文章を書こうと思えばデスクトップ型がよいし，外にもち出して使うときはノート型やタブレット型があり，用途に応じて使い分けられる．

ソフトも充実しており，ワープロソフトで文章を作成し，表計算ソフトでデータを集計・解析・グラフ化し，プレゼンテーションソフトでは発表用資料が見ばえよくつくれる[*1]．文章にグラフや図を挿入することも容易で，アピール力のある資料をつくることができる．

8.2 ウェブ情報を上手に利用しよう

インターネットには世界中の多くの情報が蓄積されている．それをうま

*1　マイクロソフト社のソフトでは，文章作成は「ワード」，表計算ソフトは「エクセル」，プレゼンテーションソフトは「パワーポイント」である．アップル社のソフトでそれぞれに対応するのは，「ページス」，「ナンバーズ」および「キーノート」である．

く使うと文章作成を助けてくれる.

8.2.1 言葉を調べる

インターネットには無料や有料の辞書が多く整備されており，言葉の意味を調べることができる．複数の辞書を横並びで使うこともできる．

また，インターネットを使うと，忘れた言葉やあいまいな概念を明確にできる．たとえば，「JIS 規格」という名称を失念したとする．日本の工業に関する規格であることを知っているなら，インターネットの検索エンジン[*2]でキーワードを「日本　工業　規格」と入力して検索すると，「JIS 規格」という言葉とその内容が画面に出てくる．キーワードをうまく選ぶと一度で探したい言葉を見つけることができる．

8.2.2 コーパスを活用して用例を調べる

コーパス（corpus）を使うと多くの文例から，言葉の用例や使いたい表現を見つけることができる．コーパスとは，日常使われている言葉（文章）を，書籍，雑誌，新聞や官公庁の文書など幅広い範囲から集積し，言語の構造解析をするシステムである．コーパスを使うと以下のようなことがわかる．

① 言葉（用語）の使い方
② 複合語の種類
③ 言葉（用語）どうしのつながり

その結果，どういう言い方が一般的であるか（つまり標準的な言葉の使用方法）を見つけることができる．

日本語コーパスとして現在最も充実しているのは，「少納言」（KOTONOHA「現代日本語書き言葉均衡コーパス」）である[*3]．ここに納

*2　Google や Yahoo などがある．
*3　このコーパスは，大学共同利用機関法人人間文化研究機構国立国語研究所と文部科学省科学研究費特定領域研究「日本語コーパス」プロジェクトが共同で開発したものである．

められている文章（言語データ）は，出版物として刊行された現代日本語の書き言葉であり，書籍，雑誌，新聞，白書やテキストから，無作為に文章を抽出したものである．収集期間は 1976 年から 2005 年で，約 1 億語が収録されている．

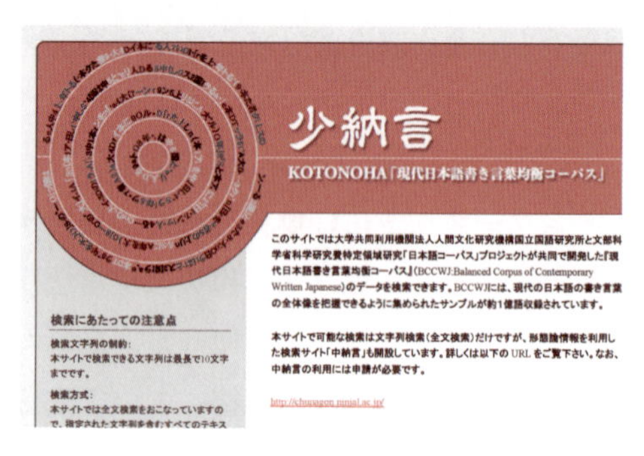

図 8.1　コーパス「少納言」のトップページ
http://www.kotonoha.gr.jp/shonagon/

「少納言」の URL に入るとトップページ（図 8.1）が現れる．指示に従い検索画面へと進み，調べたい言葉を入力して検索を実行すると，用例が提示される．

たとえば，「濃度」を表すのに「高い」あるいは「大きい」が使えるかを調べたいとする．検索文字に「濃度」を入力して検索する[*4] と，「濃度が高い場所」や「濃度が異常に高い」という用例を見つけることができるので，「濃度は高い」と言えることがわかる．同様に「水素イオン濃度が水酸化物イオン濃度より大きい」という用例も見つけることができる．ただし，「濃度が高い」という表記は多くの例を見つけられるが，「濃度が大きい」は若干例なので，あまり使われないのだろうと判断できる．

8.2.3　統計データを検索する

インターネットには官庁などの多くの統計資料がある．統計データには理工学から経済や行政関係まで多くの種類があるが，官庁が集計・管理しているものは最新情報も含めてインターネットで閲覧でき，データを利用できる．多くの資料は PDF ファイルとして，数値データはエクセルなどの表計算ソフトで処理できる集計表としてダウンロードできる．

国の大規模な統計資料（人口，産業など）は，「e-stat」というポータルサ

*4　ここでは検索対象を「書籍」，「白書」，「教科書」として，全期間を調べた．

イトから閲覧，ダウンロードできる．県・市・郡の現状や統計資料は，それぞれの県・市・郡のホームページに載っている．各官庁の白書には施策や担当分野の現状を，統計データも含めて記述しており，インターネットで公開されている．それらのうち主なものを表 8.1 に示す．科学技術に関するデータベースも多くある．主なもの 2 つを表 8.2 に示す．

表 8.1 統計資料と白書

資料名	内容	担当官庁	HP アドレス
e-stat	政府の集計している統計が閲覧できるポータルサイト．このポータルサイトから各種統計へ入っていける．統計をキーワードで検索できるので便利である．政府の集計している主な統計は，社会生活基本調査，国勢調査，経済センサスや GDP などである．	(独)統計センター	http://www.e-stat.go.jp/SG1/estat/eStatTopPortal.do
世界の統計	世界各国の人口，経済，社会，文化などの実情や，世界におけるわが国の位置づけを知るための参考となるさまざまな統計データである．	総務省統計局	http://www.stat.go.jp/
日銀短観	全国企業短期経済観測調査の略であり，日本銀行が定期的に（1 年に 4 回）発表する経済動向に関する統計速報である．「景気の基調判断」などで知られる内閣府の「月例経済報告」と並んでマクロ経済の代表的な調査報告のひとつである．	日本銀行	http://www.boj.or.jp/statistics/tk/
白書	科学技術白書，ものづくり白書，エネルギー白書，防災白書など各種白書である．白書はわが国の施策や現状を，統計資料などを含めて記述してある．	首相官邸	首相官邸・白書の HP http://www.kantei.go.jp/jp/hakusyo/

表 8.2 科学技術に関するデータベース

資料名	内容	担当官庁	HP アドレス
JST データベース・コンテンツサービス	科学技術に関する文献，特許，技術情報のデータベースに入れる窓口である．また，物質や材料に関するデータベースへも入れる．	(独)科学技術振興機構(JST)	http://www.jst.go.jp/data/
特許電子図書館	国内出願された特許のデータベースである．	(独)工業所有権情報・研修館	http://www.ipdl.inpit.go.jp/homepg.ipdl

8.2.4 キーワード検索して情報を集める

インターネットを情報ソースとして使うと有益である．インターネットには，調べたいことや書きたいことに関する多くの情報がある．それらをうまく選択することにより，文章作成に役立つものが見つかる．

8.2.5 インターネットを使うにあたり注意すること

インターネットの情報を使うときに注意すべきことがある．インターネットの情報は玉石混交なので，使うときは注意すべきである．出版されている書籍は，出版までに著者のみならず編集者や校正者が何度も原稿をチェックし，記述の間違いや誤植をなくすように努力している．そのため，内容に間違いはほとんどなくほぼ信頼してよい（著者の主張と読者の考えが異なることはあるとしても）．それに対しインターネットでは書き手が書いた原稿は第三者のチェックを経ないでも公開される．著者の思い違いや誤解などもある．だから，インターネットの情報は，少なくとも2ヵ所以上の情報ソースで確認をしてから使うようにするとよい．

8.3 コピペに注意（盗作・引用・著作権）

インターネットの情報は容易にコピー＆ペースト（コピペ）できるから，注意すべきである．インターネット情報は，文章，写真，絵や表など，どれも著者に著作権がある．それを無断で使用することは盗作であり，著作権侵害になり，違法行為である．文章の一部をコピーしてもいけない．その文章を参考にして自分の考えと言葉で書き直すべきである．

インターネットの情報を使用したいときは，原則として著作権者の許諾が必要である．許諾が得られた情報は，情報源（URLなど）と許諾されていることとを必ず明記して使用する．官庁のデータベースなどでは許諾なしで引用できるものがある．そのときも必ず引用元を記すことを忘れてはいけない．

8.4 文例・表現例データベースの構築と利用

文章を書くときに困るのは，どの言葉を使えばよいのか，その言葉でどのような言い方(言い回し)をすればよいのかがわからなくてペンが止まってしまうことである．そのようなとき，文例集があると助かる．

うまい表現例や言い回しを日ごろから注意してノートに書き留めておき，それを体系的にしたものが文例集である．自分だけのオリジナルの文例集を作成しておくと便利である．自分のメモやノートをまとめてもよいし，コーパスで調べた表現例を集めてもよい．

充実した文例集を作成するには，適切なデータベースから言葉や文例を収集する．理系文のデータベースとしては，学術論文誌，学会の要旨集，研究機関の研究レポートや白書が適切である．書き手の所属する企業の研究報告書や会議議事録などの報告書は，その企業独特の言葉の使い方や業界用語が多く載っている．これらもデータベースとして用いるとよい．手紙文，メールやビジネス文書の文例集はインターネットに多くあるので，それらも参照してよい．なお，インターネットの文例を参照するときは，他の例も見て同じ表現が複数あるときに採用すると確実である．

集めたデータは，ワープロソフトや表計算ソフト(エクセルなど)で表にしてもよいし，表にしないで文例を順番に並べてもよい．第5章で示した表現の文型ごとにまとめてもよいし，文章の構成（緒言，実験や結果と考察など)ごとにまとめてもよい．文例集から必要な言葉を検索するときは，ソフトの検索機能を使うと便利である．

文例集の例を表8.3に示す．「試料作製」に関する文例集である．「試料作製」について書くときにどのように表現すればよいか迷ったら，この文例集を見て適切な表現を使ったり，アレンジして用いたりできる．

8.5 パソコン上でのアウトライン作成術

書くべきことが決まったら文章を書いていく．「では，書くぞ」と言っ

表 8.3　試料作製に関する文例集

項目	文例
パラグラフの最初の文 (パラグラフの主題)	・試料AおよびBを，出発物質αとβから□□法により作製した． ・試料AおよびBを以下のプロセスで作製した．
出発物質	・出発物質はα〔純度99%，○○(試薬メーカー名，特級)〕およびβ(純度98%，タイプW，○○化学)を用いた．
合成プロセス	・α 5.0 g を H_2O 20 g に室温で溶解し，それに 2 wt% β 水溶液 20 mL を添加して，50℃で2時間加熱して試料Aを作製した． ・α（αの化学式）3.0 g を H_2O 70 g に溶解した．この溶液に 5 wt% 試薬γ 1.5 g をゆっくり添加した．得られた反応生成物に，試薬β 6.5 g を添加し，pH を 3.0 に調整した．その後，60℃で2時間加熱した．反応液をろ過後冷蔵庫で一夜放置して，試料Bを得た．収率 65% であった． ・作製した試料Aを200℃のオーブン(型式○○，メーカー□□)で30分加熱して硬化させた．
測定	・試料Aのフーリエ変換赤外（FT-IR）吸収スペクトルは，FT-IR 分光光度計 Spectrum One（PerkinElmer）を使用して，500 cm^{-1} から 4000 cm^{-1} まで測定した． ・作製した膜の硬度は，鉛筆引掻塗膜硬さ試験機 P–TYPE（東洋精機製作所）を用いて，鉛筆硬度試験 JIS K 5600-5-4 にもとづき測定した．

てパソコンのワープロソフトを立ち上げて，心に浮かぶことをそのまま書いていってもわかりやすい文章は書けない．文章を書く前に言語データを収集しアウトラインを作成する．その方法は第7章で述べたが，言語データが揃っている場合はパソコンでアウトラインを作成すると，その後の文章作成が楽である．一方，言語データが揃っていなかったり，書く内容がぼんやりしていたりするときもパソコンを有効に使う方法がある．

8.5.1　パソコンを使ったアウトラインの作成法

言語データが十分に揃っているとき，パソコンでアウトラインをつくると，後の作業がはかどる．第7章で示した文章やパラグラフのアウトラインをワープロソフト（ワードなど）やプレゼンテーションソフト（PPT など）を使ってつくっておく．そして，これらをパソコン画面に出し，それを見ながら文章を書いていくのである．

パラグラフの場合は，まず，パラグラフのアウトラインに書いた主題・結論をコピー＆ペーストして転記する．その後，アウトラインのとおりに展開部の文を転記していくと第一稿ができる(図 8.2)．

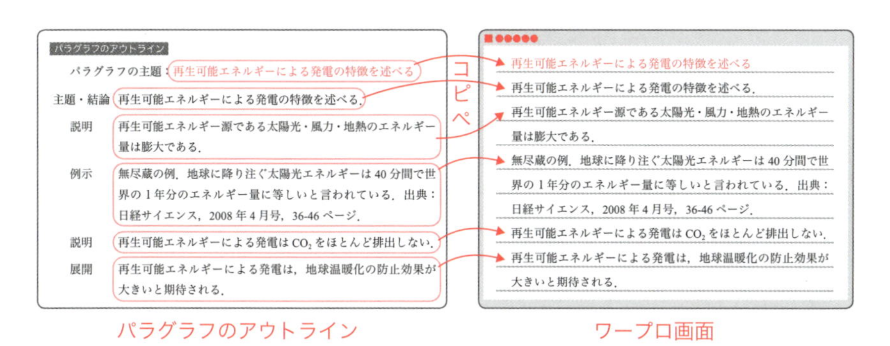

図 8.2　パソコン上のアウトラインを見ながらパラグラフをつくる方法

文章全体をつくる場合は，文章のアウトラインをパソコン画面上のどこかに出し，それを見ながら書き進める．書いていくうちに論旨がずれるのを防ぐためである．

8.5.2　マインドマップを活用する

マインドマップとは，頭の中で思い描いたことを紙や画面上に描いたものである(図 8.3)[*5]．最初に，考えていくテーマを中央に置く．そこから思い浮かぶキーワードやイメージを放射状に言葉(単語)で書き，それらの関係を線で結ぶ．頭脳の思考や発想法を素直に表現でき，ボンヤリしていることが言葉のネットワークで明確になる．そのため，複雑な構成の文章を書くときや，文章全体のイメージが浮かばないときに役立つ．

マインドマップは，アナログでもつくれるが，デジタルでつくるといっそう便利である．市販ソフトもあるしインターネット上ではフリーソフトも提供されている．

*5 「マインドマップ」はトニー・ブザンが提唱した思考法・発想法で，商標登録されている．

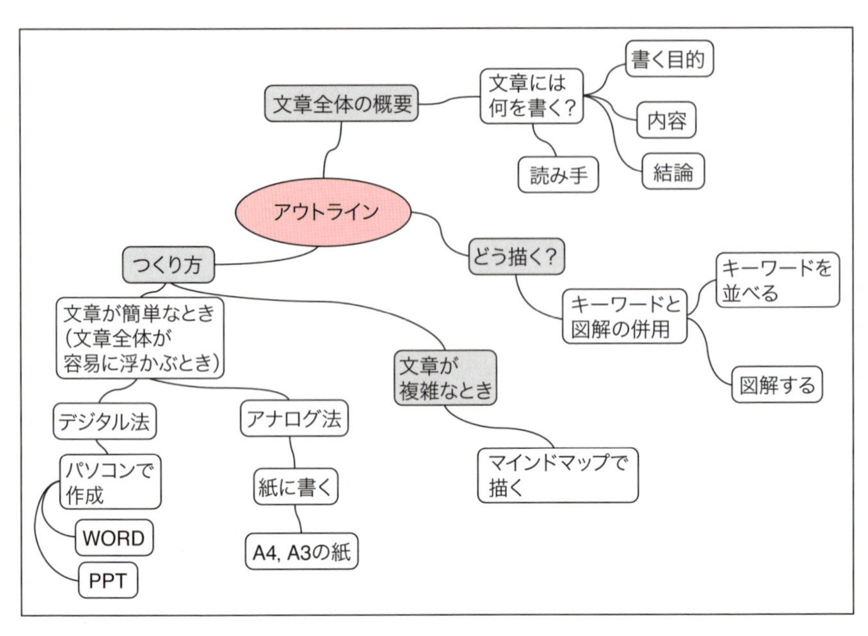

図 8.3　マインドマップ

たとえば，このページで説明しているアウトラインについて，マインドマップを使って考えてみよう．ソフトを立ち上げて，ディスプレイ画面中央に，「アウトライン」と書く．それから発想されることを単語や短文として少し離れたところに書く．まずは「文章全体の概要」と書いたとする．この言葉は「アウトライン」に対して子供の関係になるので，「子ノード」という．続けて，発想されること，たとえば「どう描く」や「つくり方」などを次々と書き込んでいく．それらは「文章全体の概要」に対して兄弟の関係と考え，「兄弟ノード」という．こうして，兄弟ノードや子ノードを次々と書いていくとマインドマップができあがる．

デジタルが便利なのは，子ノードや兄弟ノードを入れ替えたり，場所を変えたりすることが容易な点である．間違えたと思ったら削除すればよいし，追加も簡単である．言葉を書いたり消したり移したりすると，頭の中が少しずつ整理され，書きたいことの全体像がはっきりと目の前に現れるだろう．

8.6 ワープロでの推敲はここに注意

推敲が重要であることは第7章で述べた．推敲もデジタルツールを活用すると楽であり効率的に作業を行える．デジタルツールを用いた推敲とその際に注意することを以下に述べる．

8.6.1 推敲の「デジタル＋アナログ法」と「デジタル法」

ここでは推敲を，ワープロ画面で行う方法とアナログ法を併用する方法(デジタル＋アナログ法)と，すべてデジタルで行う方法(デジタル法)について述べる．

① デジタル＋アナログ法

紙に印刷された文章全体を見て，修正すべき箇所に修正に関するキーワードや修正内容を簡潔に記載しておく．たとえば，「書き直し」「○○について追加」や「○○に修正」などと書いておく．そして，実際の修正はワープロ上で行う．

この方法だと修正文を全文書く必要がなく，要点のみ記せばよいので効率的である．また，紙上で文章全体を見ながら推敲できるので，全体構成を検討できたり，言葉や表現も統一しやすいのがメリットである．

② デジタル法

推敲の全プロセスをワープロ画面上で行う．文章を画面で読みながら，修正することを書き込んで推敲するのである．この方法だと，手で入力した修正文をワープロ画面で入力するという手間が省ける．

しかし，大部な文章の場合，文章全体を横に並べて一度に見ることができないので，全体に関係する修正がおろそかになったり最初と最後で修正文や修正事項が変わってしまったりする危険がある．また，文章を削除すると，画面上も記録上も消えてしまう．その文章を再度使おうとすると，記憶を頼りにして思い出さねばならない．

それを避ける方法がある．それはワープロソフトの「変更履歴の記録」

機能[*6]などを使う方法である．それを使うとどの言葉をどのように変更したのか(削除したのか，変えたのか)が記録される．あとで元の言葉を回復したいときに便利であるし，どのように改訂したかがひと目でわかるから，推敲作業の推移も把握できる．

どの方法を使うかは書き手の実力にもよるし，文章構成の複雑性や量の多さにもよる．書き手のやりやすい方法を選べばよい．

8.6.2 推敲で注意すること

通常の推敲での注意点に加えて，ワープロで推敲するときに特に注意すべきことがある．それを以下に挙げる．

① 誤字脱字――入力・変換ミスと画面上で文字を読むときの注意

せっかくワープロで改訂しても間違った文字を打ったり変換ミスをしたりしてしまうとむしろデメリットになってしまう(p.77 参照)．

また，人は間違った文字も自分の読みたい文字として読んでしまうようだ．特にワープロ画面で文字を読むときは見落としやすい．「分(ぶん)を角(かく)」も「文を書く」と思って読むと，「分を角」と目では見ていても頭脳は「文を書く」と思い込んでしまったりする．頭の中のストーリーで読むのではなく，文字そのものを一つひとつ確認しながら読むのがコツである．

② 用語は統一されているか――文章全体を通して見直す

用語は文章全体を通じて統一する．デジタル法の推敲だと，全体を見渡しにくいため，用語が途中から変わってしまうことがよくある．「マインドマップ」が「マインド・マップ」になると，読み手は違和感を抱く．「耐候性」が「耐久性」になると，意味がどこかで変わるのかな，と読み手は考えてしまう．

---

*6 「変更履歴の記録」は，「ワード」だと「校閲」機能に備わっている．

③ 論理展開は適切か――アウトラインを確認しながら

デジタル法の推敲では文章全体を見渡すことができないため，論旨がずれてしまうこともある．そのような場合は，文章のアウトラインとパラグラフのアウトラインをもう一度手元に置いて，一つひとつ確認しながら推敲を進める．逸脱している箇所を発見したら改訂する．

8.6.3　推敲例

原稿をワープロ画面で推敲したデジタル法による推敲例を示す．ワープロの「変更履歴の記録」機能を使って改訂箇所がわかるようにしている．

元原稿

水は地球上のあらゆる場所に存在し，物質を溶解したり海岸を浸食し，物質表面には水に濡れるものと水を弾くものがある．物質表面が水に濡れる性質を親水性といい，水を弾く性質を撥水性という．たとえば，カタツムリの殻は水によく塗れるので親水性である．水によく濡れるので殻の表面についた汚れは水が流し落とすのでカタツムリの殻は汚れないで清浄である．それに対して，ハスの葉は水を弾く．撥水性である．葉の表面をコロコロと転がる．だから，撥水性表面は水が転がりやすいと言える．しかし，自然界をさらによく調べると，異なる例もある．バラの花びらは水を弾く．しかし水滴をのせたバラの花びらを逆さまにしても水滴は落ちない．このように水を弾くが水を保持する性質を Petal Effect（花びら効果）という．

推敲後の改訂稿（変更履歴記録）

~~水は地球上のあらゆる場所に存在し，物質を溶解したり海岸を浸食し，物質表面には水が濡れるものと水を弾くものがある．~~物質表面が水に濡れる性質を親水性といい，水を弾く性質を撥水性という．たとえば，カタツムリの殻は水によく~~塗れる~~濡れるので親水性である．~~水によく濡れるので~~殻の表面についた汚れは水が流し落とすので，カタツムリの殻は~~汚れないで~~汚れず清浄である．それに対して，ハスの葉は水を弾~~く．~~くから撥水性である．葉の上の水滴は~~葉の~~表面を~~コロコロと~~転がる．だから，撥水性表面は~~水~~水滴が転がりやすいと言える．

~~しかし，~~自然界をさらによく調べると，異なる例もある．バラの花びらは水を弾く．しかし水滴をのせたバラの花びらを逆さまにしても水滴は落ちない．このように水を弾くが水を保持する性質を Petal Effect（花びら効果）という．

何をどのように変更したのか，一目瞭然である．このあとどうしようかと考えるときの参考になる．

今回はこれを完成稿とした．変更後の原稿(完成稿)を次に示す．

完成稿

物質表面が水に濡れる性質を親水性といい，水を弾く性質を撥水性という．たとえば，カタツムリの殻は水によく濡れるので親水性である．殻の表面についた汚れは水が流し落とすので，カタツムリの殻は汚れず清浄である．それに対して，ハスの葉は水を弾くから撥水性である．葉の上の水滴は表面を転がる．だから，撥水性表面は水滴が転がりやすいと言える．

自然界をさらによく調べると，異なる例もある．バラの花びらは水を弾く．しかし水滴をのせたバラの花びらを逆さまにしても水滴は落ちない．このように水を弾くが水を保持する性質を Petal Effect（花びら効果）という．

8.7 文書の保存と管理について

文書を書いたらそれを保存して管理する．どのタイミングで，どのフォルダに保存するか，そしてそれをどのように管理するのかは重要である．

8.7.1　文書を保存するときの注意点

①ファイル

ファイル名をわかりやすく付けると，あとでファイルを使うときに便利である．研究報告書なら，研究課題名と報告書番号を付ける．会議議事録なら会議名を付ける．保存した日づけや改訂順序を追い番で付けておくと，ファイルの区別ができるだけでなく，改訂の順序もわかる．これは非常に便利であり，文章を練るときに思考の変遷を理解しながら改訂できる．

ファイル名例

○○年度研究テーマ△△の研究報告書第 3 報（第一稿）を 7 月 16 日に書いた場合，たとえば次のようにする．

「○○△△報告書 No.3_1 稿 _0716」

「○○ 0716 △△報告書 3_1 稿」

なお，情報管理を厳密に行う職場ではファイルにパスワードを設定する．パスワードは関係者以外秘密とする．

②フォルダ

ファイルを収納するフォルダは関連するものをまとめておく．研究報告書なら「研究報告書」というフォルダをつくる．研究テーマが異なれば，それぞれのテーマ名称のサブフォルダを「研究報告書」フォルダ内につくる．報告書はナレッジ（知的財産）として重要であるから，1 つのフォルダに収納しておくとよいが，研究テーマごとにフォルダを作成する方法もある．その場合は，研究テーマごとのフォルダ内に「報告書」や「実験」（実験内容に関するもの）などのサブフォルダを作成する．

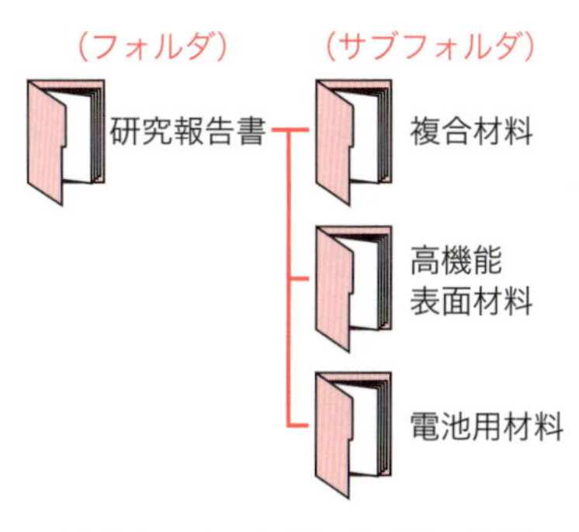

図 8.4　フォルダとサブフォルダ

8.7.2 文書を管理するときの注意点

① バックアップ

フォルダは原則として組織のサーバーに収納する．企業・研究機関では部課や研究所などの組織ごと，または企業全体としてサーバーを設置していることが多いので，決められたサーバーにフォルダを置く．大学では研究室ごとにサーバーがあるから，それに収納する．個人に配布されているパソコンにセーブすることを認められているなら，それにもセーブする．万が一，サーバーがダウンしたときのバックアップとなる．バックアップは重要である．ハードディスクやパソコンなどは壊れる可能性がある．パソコンの操作を間違えて大事なファイルを消去して復活できないこともある．だから，電子ファイルは必ずバックアップをとっておく．

パソコンに内蔵されているハードディスクが2個あってミラーになっているなら，1つのハードディスクが壊れてももう1つのハードディスクから文書情報を取り出せる．そうでないのなら，外付けハードディスクを用意し，そこにもファイルをセーブしてバックアップとする．こうしておくと内蔵のハードディスクが壊れてもOKである．

② データのもち出しとウイルス

企業・研究機関では，データを個人所有のパソコンやUSBメモリーなどにコピーして外にもち出さないようにする．企業内に情報を留めておくべきだからであるし，思いがけないことで企業機密が外に漏れることを防がねばならないからである．

大学などの教育機関でデータをもち出すことが許されている場合，個人のパソコンから機関内のパソコンにファイルを移すときに，USBメモリーやパソコンがウィルスに感染していないことを必ず調べておく（アンチウィルスソフトを使う）．ウィルスに感染したファイルを機関のパソコンにコピーすると，そこから機関内の全パソコンにウィルスが感染してしまい大きなトラブルとなる可能性がある．

8.7.3 検索ソフトの利用

ファイルの収納場所と，ファイルの中に書かれている言葉をすべて覚えておけば，必要なときにお目当てのファイルを探すことができる．しかし，そんな人はいないだろう．「あのファイルはどこにあるのか？」「あの言葉(用語)はどこでどのように使ったのか？」と思いあぐねることは多い．そのようなときは，「検索ソフト」を使って調べる．フリーで入手できるものもあり，対象のサーバーやハードディスク内を検索できる．「○○の研究」や「□□結晶」と検索したい言葉を入力してクリックすると，検索対象内の言葉がどのファイルにあり，どの文章にあるのかを画面に出してくれるので，たいへん便利である．

コラム その8

ディスプレイ

パソコンを活用するとき，ディスプレイの選択は重要である．文章作成の効率を左右するからである．ディスプレイはなるべく大きなものを使うほうがよい．できればA4判1ページ全部が見えるものが好ましい．レポートはほとんど印刷したものを提出する（ペーパーレスでサーバーや通信回線を通じて提出するケースも多くなっているが）．読み手は1ページ全体を見て第一印象をつくる．どこに重要なことが書いてあるか一目瞭然であれば，読み手の印象はよくなる．レポートでも第一印象は重要である．1ページ全部が見える画面ならそこまで考慮してレポートを組み立てられる．

2ページ分を並べて見られるものならさらによい．ひとつはレポート，もうひとつはデータや図表を見られるようにすると，これら両者を参照しながらレポートを書いていくことができる．データを常に見ながら書けるので，ストレスが少なくなり思考もスムーズに進むだろう．

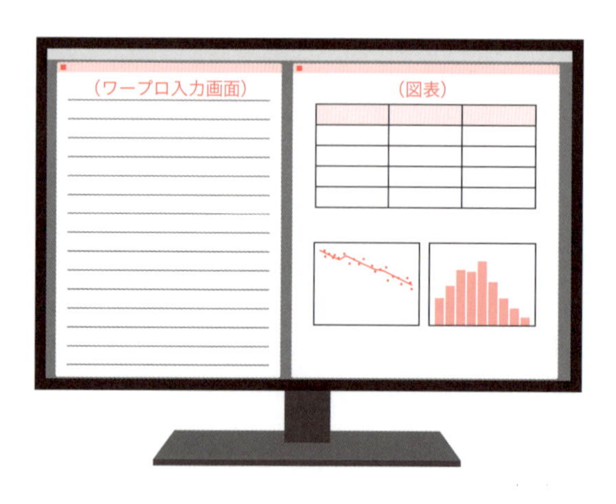

・実践編・

レポート・論文を書く

第9章

実際に理系文書を書くときのポイント

前章までで理系文を書く基本を身につけた.「実践編」では，いよいよ実際の理系文書[*1]として「レポート(報告書)」[*2]と「卒業研究論文(卒論)」の作成を取り上げる．これらも前章までで述べた文章の書き方に従うとわかりやすく書くことができる．それに加え，文書の形式が決まっているから一定のルールに則って書けば，効率的に書くこともできる．

本章ではまず理系文書の種類とそのスタイル(形式)の概略を述べ，次章以降でレポート・論文の具体的な書き方について述べる．

9.1 理系文書の種類を知ろう

理系文書は，科学やその応用に関することについて，研究・実験・調査・会議などを実施し，その結果を実験データ・調査データ・会議記録にもとづいて論理的に述べ，結論(読み手に伝えたいこと)を記した文書である．具体的には，実験・研究レポート（報告書)，いろいろな調査（文献調査，特許調査，他社の技術調査）レポート（報告書)，出張報告書，会議や打ち合わせの報告書，卒業研究論文，修士・博士学位論文，研究論文や特許出願書などである．理系文書の種類とそのもとになるデータ（成果）を表 9.1 にまとめた．

---

*1　本章以降で示される文章は，すべて一定の形式をもったものなので，これまでの文章と区別して「理系文書」とする．

*2　「レポート」も「報告書」も示していることは同じで，機関等によって言い方が異なるだけである．

表 9.1　理系文書の種類

機関	理系文書の名称	データ（成果）	内容
大学	実験レポート	実験結果と考察	実験結果と考察の教官への報告書
	研究レポート	研究結果と考察	卒研や大学院での研究結果の報告書
	調査レポート	文献等各種調査	調査結果の教官への報告
	シミュレーションレポート	シミュレーション結果	シミュレーション結果の教官への報告
	卒業研究論文	卒業研究テーマにそった一連の実験結果	研究の過程と結果および結論をまとめた文書（卒業単位として認定される）
	修士学位論文	研究テーマにそった一連の実験結果．卒研より規模が大きく，学術的成果も大	研究の過程と結果および結論をまとめた文書（修士号の認定判断のもととなる）
	博士学位論文	研究テーマにそった一連の実験結果．修士学位論文より規模も学術的成果も大	研究の過程と結果および結論をまとめた文書（博士号の認定判断のもととなる）
	投稿論文	学術研究によって得られたデータ	研究成果の論文誌への発表（人類の知的財産への貢献）と世界に対するアピール
企業 研究機関	提案書（新製品，研究テーマ）	製品企画案，研究企画案	新製品や新研究の上司や経営者への提案
	実験・調査・シミュレーション報告書	実験・調査・シミュレーション結果	実験結果・調査したこと・シミュレーション結果の報告書
	研究報告書	業務で実施した研究結果	研究結果の上司への報告（今後の進め方の提案や指示を請う場合が多い）
	研究最終報告書	研究成果の主なもの	研究の最終段階で作成する報告書
	月度報告書	研究結果と考察	業務で実施している研究成果の月ごとの報告書（今後の進め方も記載する）
	会議議事録	会議・打ち合わせ結果	会議の内容と結論の上司および関連部署への報告
	週報	1 週間単位での研究や仕事の結果	1 週間の結果の上司への報告（今後の進め方も記載）
	情報連絡書（研究・技術情報，市場情報）	入手した情報	業務で入手した情報の関係者への連絡
	特許出願申請書	実験データ	技術成果の特許をとるための特許庁への提出書類
	投稿論文	研究開発によって得られたデータ	研究成果の論文誌への発表（人類の知的財産への貢献）と世界に対するアピール

9.2 スタイル(形式)や構成が決まっている

文書のスタイル(形式)と構成は，書く目的ごとに書き手の所属する機関でほぼ決まっている．

9.2.1 書く目的とスタイル

理系文書では，書く目的と読み手を明らかにすると，スタイル(形式)がほぼ決まる．目的に応じたスタイルは次のようになる．

① 研究や技術開発の成果(結果)の報告

「研究・実験レポート」(課題ごとや月ごとなどの報告書を含む）という形式になる．「修士・博士学位論文」,「研究最終報告書」や「研究論文」(「投稿論文」を含む)などもある．

②情報の伝達

書き手が入手した情報や実施したことを伝達するための文書である．情報伝達は文書を基本とする．口頭や電話では，正確に伝わらなかったり，誤解を招いたりする．「言った，言わない」の応酬になってしまうかもしれない．最近では電子メールで伝えることも多いが，それも文書化して伝えるひとつの方法である．

具体的には，大学の研究室や企業・研究機関だと，「研究・技術情報」(文献情報，人やインターネット等から入手した情報）などや「実験報告書」という形式になる．企業の営業や企画部門だと，「市場情報」(市場動向，製品スペック，価格や他社の動向などに関する情報)も該当する．

③決定(合意)事項の伝達

各機関の会議や打ち合わせの決定事項や合意事項を，関係者・関係部門に伝えるものである．会議や打ち合わせ終了後は，必ずすみやかに「会議議事録」を作成し，上司と関係者に配布する．そうすると，決めたことがすみやかに組織内に浸透し，理解してもらえるばかりでなく，組織内の意思疎通がスムーズになる．

④提案や上司の決断をうながす

企業や研究機関における「新製品提案書」や「研究テーマ提案書」などといった形式になる.

9.2.2 理系文書の一般的構成

理系文書は一定の構成をもつ. 一般的な構成としては以下の2タイプがある. これらは, 前述した理系文の一般的構成が進化したものと言える. 理系文書の「目的」は一般的構成の「主題」にあたり,「実施内容」は「展開」にあたる. タイプにより書く内容が少し異なるので, うまく書き分けることが肝要である.

①タイプA(一般的な構成)

理系文書の一般的構成

1. **背景**:その文書で述べたいことの前提やすでにわかっていることを述べる. 背景は「目的」にスムーズにつながるように書く.「目的」の意味が読み手に明確に伝わるように, 必要なことを書き, 余計なことは書かないのがコツである. 読み手が「背景」を十分に知っているときは, 省略してよい場合もある.
2. **目的**:その文書で明らかにしたいことを, 簡潔にまとめた文である. 箇条書きで書いてもよい.
3. **実施内容(実験, 調査など[*3])**:実験, 調査など, 実施したことの過程を記す. たとえば, 実験したことを報告するなら, 該当する実験の内容を数値データも含めて明確に記す. 後で誰かがそれを追試したいときに, 記述どおりに実施すれば再現できるように記す.
4. **結果と考察**:得られた結果を記す. たとえば, 実験で得られた結果を, 数値データとしてまとめ, それを図表で表して説明しなが

*3 シミュレーション, 会議や打ち合わせなども含まれる.

ら実験結果を述べる．次いで，得られた結果について考察する．
5．**結論(まとめ)**：上の結果と考察から導かれたことをまとめる．実験報告書なら，実験結果から得られた結論をまとめたものである．箇条書きにするケースもある．

この構成では，読み手が書き手に導かれて内容を順番に読むため，意図を理解しやすいことがメリットである．一方，デメリットは「結論」に到達するまで長くて時間がかかることである．

②タイプB

結論または報告の概要を文頭に置き，以下の構成になるものである．「結論(概要)」以外のセクションは，タイプAと同じである．企業などではこの構成で書くことを薦める．

理系文書の構成(タイプB)

1．**結論(概要)**：このタイプの最大の特徴は，結論や概要が初めに書かれていることである．この部分を枠で囲んだりフォントを変えたりすると印象が強くなり，他との区別もつきやすい．結論（概要）は報告書の他の部分を書きあげてから着手する．報告書の最初にあるからといって，最初に書くものではない．
2．**背景**
3．**目的**
4．**実験(調査，実施内容など)**
5．**結果と考察**

このタイプのメリットは，結論や概要が初めに置かれるので，アピール力に優れ，核心内容をただちに理解できることである．企業では，上司は忙しく，ゆっくり時間をかけて部下の報告書を読む時間をもっていないから，このタイプは好都合である．しかし，書き手がこの形式に慣れていないと書きにくいことがデメリットである．

9.3 決まった形に合わせよう

9.3.1　定型文書の利点を活用する

理系文書は表 9.1 に示すようにいろいろあるが，それぞれに対応した定型文書とすると便利である．特に，企業や研究機関では文書の定型化は大事である．定型文書は，書き手にとって，書くたびにスタイルや文章を考えなくてよいから楽である．どのような文章にしようかと考えることは小説家でない理系人にとっては億劫なことであり，それだけで文書を書く意欲が減退してしまう．読み手にとっても，どこに何が書かれているかがほぼ決まっているので理解しやすい．

文書には伝えたい内容を，定められた場所に過不足なく盛り込む．たとえば，「研究レポート」や「論文」なら，研究の目的，実験，結果と考察および結論が必ず決められた場所に記載されているべきである．「月度報告書」なら今後の進め方も最後に盛り込む．「会議報告書」であれば，会議における決定事項が書かれていなければならない．

具体的な定型文書の例と書き方は次章以降で述べる．

9.3.2　用紙とフォント

用紙は A4 判を用いる．文章はパソコンのワープロソフトで書く．フォントの種類は任意でよいが，大きさは 10 〜 12 ポイントとし，行間は 18 〜 20 ポイント程度がよい．小さいフォントや大きすぎるフォント，行間がせまい文章は，読みにくい．図やグラフは表計算ソフトである「エクセル」やグラフ専用ソフトで作成する．

9.4 誰が何のために読むかを意識しよう

9.4.1　読み手（読者）のために書くという意識をもつ

読み手に理解してもらって初めて，文書を書く意義が生まれる．だから，読み手に対応した書き方をしなければならない．たとえば，読み手がよく知っていることをくどくど書かないよう注意する.

「研究報告書」では，実験の経緯とデータにもとづいた考察のプロセスおよび判断の根拠を論理的に記述する．そのためにはある程度の長い報告になってもよい．そうは言っても，企業や研究機関の上司に対する報告では簡潔さが求められる．しばしば結論のみが求められるので，結論が先に書かれている概報（がいほう）[*4]と詳細を述べる詳報に分けるなどスタイルを工夫する．その例は第17章で述べる.

9.4.2 読み手が評価・判断しやすい文書とする

大学での研究では，教官が学生の研究結果を評価する際に，学生や関係者と議論することも多い.単に結果だけが羅列されたものや図表だけでは，何がどうなっているのか，教官も理解できない．結果を整理してデータを図表にまとめ，学生の見解も記しておくと，教官が評価しやすいし，議論も活発になる.

企業や研究機関では，上司は部下の報告書を読んで，決断・指示・他部門との調整などのアクションをただちにとる立場にある．だから，何が言いたいのかわからない文書は，上司の貴重な時間を浪費するのみならず，誤ったアクションを引き起こしかねない．これではいけない．上司が評価・判断しやすい文書とすべきである．報告したいことやデータをまとめ，計画に対する現況を述べ，決断・指示・調整してほしいことを明確に書く.

企業における例として,「技術開発課の開発担当者が試作品Aを作製し，その性能評価結果を,上司(技術開発課長)に報告した」事例を見てみよう．報告内容は以下のとおりである.

上司への性能評価結果の報告例 **悪い例**

試作品Aは物性αの規格値10.5をクリアーしたが下限ぎりぎりである．市場で問題が発生するか否かはやってみないとわからない．開

---

*4 報告書の概要を1枚の用紙にまとめたもの.

発計画ではこの試作品を使って市場テストを行う予定になっている．販売促進課との調整は行っていないし，市場テスト用試作品の作製については決めていない．

問題を抱えて市場テストを行うことになるが，これでは，上司にどうしてほしいのかわからない．担当者としての自分の判断と上司の調整を求める内容を書いた報告書にすべきである．

上司への性能評価結果の報告例　改善例

試作品 A の物性 α は 10.6 であり，規格値の下限 10.5 とほぼ同等である．これでは市場で問題が発生する可能性があるので，この試作品での市場テストは中止したい．関係部門との調整は，現段階では未実施である．

このようにデータが明示され，書き手の判断も書かれていると，上司は市場テストを中止するか否かを決断し，関係部門と調整することができる．

9.4.3　読み手が隣にいるつもりで書く

上のことをできるようにするためには，読み手が隣にいるつもりで書く．読み手と一緒にデータ・表・図を検討しているつもりで，一つひとつ指さしながら説明する感覚で記述する．たとえば，企業や研究機関では計画の進捗は重要な案件である．計画表を横に置き，それを上司と一緒に見ながら，計画に対する進捗を報告し相談している感覚で書くとよい．

9.5　正確で簡潔なものに

①あいまいさを排す

理系文書は，あいまいさを排除し，正確で合理的であることが要求される．幾とおりもの解釈ができる玉虫色の記述は百害あって一利なしである．

あいまいにしたいときは，その事項をよく理解してもらいたくないときである．または書き手がよく理解していないときである．このような文書はそもそも書くべきではないし，それを書くと書き手の評価は下がる．

表現があいまいな例　悪い例

試作品Aの耐久性能試験を行ったが，その結果，試作品Aの耐久性能は，比較品より得られた値が小さいのだが，これまでの試作品と同等と考えられ，次回の試作に期待したい．

この文は言いたいことがわからない．試作品の性能を評価した人が，試作品作製者に遠慮して，あいまいな表現にしたのかもしれない．しかし，研究者や技術者がこのような配慮をすると，開発期間が延びたり開発そのものが不調になったりする．試作品Aの耐久性能が規格外であり，比較品より劣るのなら，定量的な数値を記してそのようにはっきり書く．

数値を記した例　改善例

試作品Aの耐久性能は，比較品より20%劣り，目標値に対しては35%劣っている．この値は従来の試作品と同等であり改良されていない．耐久性能の改良が必要である．

②要点を簡潔に書く

正確で合理的に書くとは，言いたいことをわかりやすく簡潔に書くということでもある．次のような文章を書いてはいけない．

冗長な例　悪い例

地熱発電は太陽光や風力など再生可能エネルギーによる発電方法のひとつであり，火山国日本としては地殻中に熱水が大量に存在するなど優位な点が多くあるので，もっと注目されてよい技術だと思われるのだが，発電量は意外に少ないのが現状である．その理由は地熱資源が国立公園や温泉地にあるからで，そのため種々の規制等により，現状では資源がうまくかつ有効に使われていないからである．

上の文章の欠点は，主題・結論が最初に示されておらず，1つの文が長くて複数のことが書かれており，冗長なことである．以下のように，最初に主題を示し，できるだけ1文1義の原則に従って短い文にしてみる．

簡潔にまとめた例　改善例

地熱発電が増えていない．地熱発電は再生可能エネルギーによる発電方法のひとつであり，地殻中の熱水を利用するものだ．日本は火山が多く地殻に熱水が多量にあるので，もっと注目されてよい技術である．しかし，資源量に対して発電量は少ない．それは資源が国立公園や温泉地にあり，種々の規制等により開発が進んでいないからだ．

これで，言いたいことがわかりやすくなった．

9.6 データを図表として盛り込む

理系文書では，数値データを示すと説得力が増す．データを重要視するのが理系であり，実験などの結果の多くは数値データで得られるから，当然と言えば当然である．データは文章中に漫然と記載せずに表やグラフにする．数値のみを見てそれらの関係をパッと理解できる人は少ない．

文章中に数値を記載した例　悪い例

試料Aの物性αを温度を変化させて測定した．20℃では5.6であり，50℃では7.5，さらに80℃では8.6であった．したがって，温度が上昇すると物性αは大きくなることがわかった．

これだと，頭の中で温度と物性αの関係が明確に描けない．以下のように，データをグラフ化して示して説明すると，温度に対して物性αが一次で増加することが一目瞭然である．

数値をグラフで示した例 改善例

試料Aの物性αを温度を変化させて測定し，図9.1に示す．物性αは20 ℃では5.6であったが80 ℃では8.6となり，温度上昇に伴い直線的に増加することがわかった．

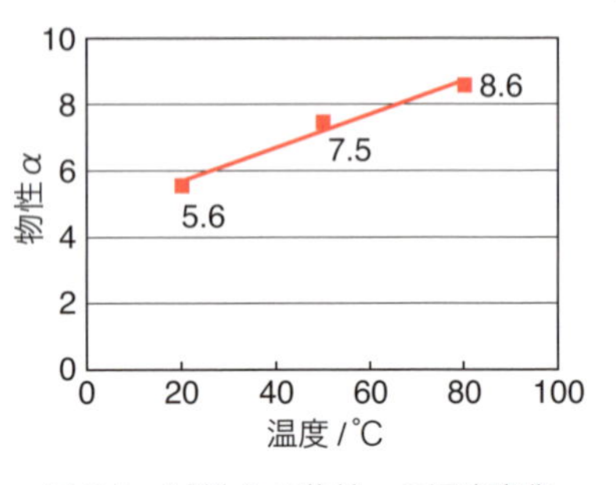

図9.1　試料Aの物性αの温度変化

表や図の番号は出た順番に打つ．そして必ず，本文に記す表番号・図番号と表や図の番号を一致させる．図表の入れ替えや削除・追加をしているうちに番号が一致しなくなることが多いので注意する．

図解も有効である．文章の内容を図解で示されると理解しやすい．文章ばかりでは頭が疲れるし，論理が頭に入りにくい．人は基本的には文字よりも図が理解しやすい．たとえば，概念や実験プロセスを図解（スキーム，フローチャート）にするとよい（図10.15・図10.16参照）．

9.7 用語に注意しよう

9.7.1 専門用語（テクニカルターム）を正しく使う

理系文書では専門用語を用いることが多い．あなたのまわりの理系人はみなそれを正しく理解している．意味をよく理解していないのなら，学術用語集，専門用語集や専門辞書で調べて意味を理解してから使用する．言葉の意味を拡大解釈して用いない．真の意味から外して使わない．誤解を招くのみならず書き手に不信感をもたれてしまう．

よく知っていると思う言葉でも，ときどきは辞書を引く．言葉の意味を確認できるだけでなく，言葉の適切な使い方，言い回しや類語などを学べるからである．専門用語以外の言葉でも同様である．

また，それぞれの業界には，業界用語や隠語が必ずある．それらをうまく用いると，その業界に精通した研究者だと認められる．ただし，他の分野や部門の人を相手にするときは注釈をつけるか別の言い方にしないと理解してもらえない．業界のごくせまい範囲でしか通用しないものや別の意味(しばしば悪い意味)が隠れている用語も使わないほうがよい．

専門用語を使わない例　悪い例

試しに作ってみた物の電気の流れやすさを測った．

この文は，専門用語(試作品，電気伝導度)を使い，「測った」を「測定した」にするとすっきりした理系文になる．

専門用語を使った例　改善例

試作品の電気伝導度を測定した．

9.7.2　単位，略号の扱い方

① SI 単位

単位は SI 単位を用いる．SI 単位の例を表 9.2 に示す．大学ではすべて SI 単位で学習している．忘れているなら，専門辞書で確認して使う．企業ではしばしば，SI 単位以外の単位が使われるケースもある．組織の慣習でそれを使っているなら，慣習に従う．しかし，そのままだと組織外のデータとの比較が難しいので，SI 単位での数値も併記しておく．

表 9.2　SI 単位の例

物理量	SI 単位の名称	記号
絶対温度 *	ケルビン	K
物質量	モル	mol
周波数 振動数	ヘルツ	Hz
力	ニュートン	N
圧力	パスカル	Pa
エネルギー 仕事 熱量	ジュール	J
電位	ボルト	V
電気抵抗	オーム	Ω

* 熱力学温度ともいう．

② 略号

略号を最初に使用するときは，正式名称をあわせて記載する．いきなり略号を用いない．略号は誰も知らないと思うべきである．ただし，その業界すべての人が知っている略語なら最初から使用してもよい．よくわからないときは，教官や上司に確認してから用いるのが賢明である．

いきなり略号を使った例 **悪い例**

XRDを用いて試料の結晶構造を調べた．得られたXRDパターンには反射ピークは観測されなかった．

「XRD」とは「X線回折法」という測定方法のことで，結晶構造の解析に用いる．XRDが何かを知らない人には，この文章はチンプンカンプンである．略号を初めて記すときは，正式名称を記し，略号を括弧に入れて，「X線回折法(XRD)」と表記する．2回目以降は略号のみを記す．

正式名称とあわせて略号を使った例 **改善例**

X線回折法（XRD）を用いて試料の結晶構造を調べた．得られたXRDパターンには反射ピークは観測されなかった．

9.7.3 有効数字に注意する

記載する数値データは，すべて有効数字をよく認識して記す．示したいデータ，実験の精度，用いる機器やデータのばらつきによって，有効数字は異なる．自分の行った実験をよく考えて有効数字を考慮してデータを示す(p.155コラム参照)．

9.8 チェックリストを活用しよう

理系文書に書かなければならない必須事項を紹介しよう．これらをいつも座右に置きながら文章を書くと，スムーズに書いていける．

理系文書に書く必須事項　4 箇条

① 何のために――――目的
② 何をやって――――実験・調査・シミュレーション・会議・打ち合わせ
③ 何がわかって――――結果・考察・結論・決定・合意
④ どうしたいのか――――結論を報告する・同意を求める・指示をあおぐ・決定を求める

それに加えて，チェックリストを使って作成した文書をチェックすると，不足しているところがすぐわかって，効率的である．

例として，「月度報告書」と「研究報告書の概報（がいほう）」のチェックリストを示す．チェックリストには項目の前に，チェック欄を設けておくとよい．なお，概報の書き方は第 17 章に記す．

月度報告書のチェックリスト

- ❑ 研究の目的を記したか
- ❑ 目標は，研究の目的と合致しているか
- ❑ 報告すべき実験は記したか
- ❑ 実験に記載した数値は，実験ノートなどで確認したか
- ❑ 実験に記載した数値の単位は正しいか，SI 単位で記されているか
- ❑ 報告すべき結果をすべて記したか
- ❑ 本文で記載したデータは，生データや実験ノートなどで確認したか
- ❑ 表にしたデータは，生データや実験ノートなどで確認したか
- ❑ データの計算は間違いがないか
- ❑ 図の横軸と縦軸の表記は正しいか
- ❑ 図の横軸と縦軸は，SI 単位で記されているか

- ❑ 表番号と図番号は一致しているか，追い番になっているか
- ❑ 引用文献の番号は一致しているか
- ❑ 得られた結論は，目的や目標に対応しているか
- ❑ 今後の方針は適切か

概報のチェックリスト

- ❑ 報告書の題目を記したか
- ❑ 報告者の氏名を正しく記したか，報告者数は不足していないか
- ❑ 研究の目的を記したか
- ❑ 結論の記載に問題はないか
- ❑ 記載した数値は，実験ノートなどで確認したか
- ❑ 記載した数値の単位は正しいか，SI 単位で記されているか
- ❑ 記載した結果は報告すべき内容か
- ❑ 図表の記載に誤りはないか
- ❑ キーワードを記したか
- ❑ 提出先を，上司に確認したか
- ❑ 配布先を記したか

コラム　その9

有効数字

有効数字は重要である．私たちが求めた数値データのどこまでが意味のある数値か，測定はどの程度精密なのかは，有効数字によって示される．

例を挙げる．右図に示すように，試料の長さを定規（アナログ装置）で測定する．定規の最小目盛りは1mmである．測定データは最小目盛りの1/10まで読めるので，試料の長さを11.53cmと測定した．この数値のうち「11.5」は定規の目盛りから読んだので正確（意味がある）である．最後の「3」は目分量で読んだので誤差が入る．

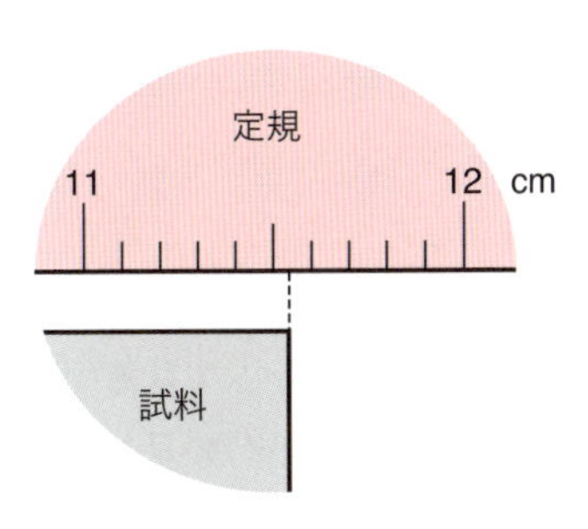

有効数字は，意味のあるケタの数値とその1つ下の誤差を含むケタの数値をあわせたものである．このケースでは11.53である．

デジタル装置で測定すると数値データは何ケタも示される．「1.356897」というデータが得られたとき，それをそのまま使うととてつもなく精度の高い実験をしたことになる．そんなはずはないから，有効数字を求める．それには何回か（少なくとも5回以上）測定して，平均値と標準偏差を求める．たとえば，平均値は1.354165，標準偏差は0.021207とする．これは小数点2ケタ目で誤差が生じていることを示している．したがって，有効数字は3ケタであり，平均値は1.35，標準偏差は0.02となる．この場合は，

	測定データ
1回目	1.351897
2回目	1.385469
3回目	1.340128
4回目	1.330785
5回目	1.362545

平均値　1.354165
標準偏差　0.021207

1.35（平均値）±0.02（標準偏差）

と示す．次のように有効数字の1つ下のケタまで数値を示してもよい．

$$1.35_4 \pm 0.02_1 \quad \text{または} \quad 1.35(4) \pm 0.02(1)$$

「0」が入るとき有効数字の示し方には注意が必要である．「1350」で有効数字が4ケタならこれでよいが，3ケタなら正確には 1.35×10^3 と書く．0.001350では「0.00」は位取りの数字なので有効数字ではない．$0.00\underline{1350}$ の下線部が有効数字なら，1.350×10^{-3} とする．有効数字が $0.00\underline{135}0$ の下線部なら 1.35×10^{-3} と書く．

数値データを筆算で計算するときは，一般的には有効数字の1つ下のケタまで数値を出して計算する．たとえば，1.36_7（有効数字3ケタ）と 1.567_1（有効数字4ケタ）の足し算を計算するなら，

$$1.367 \quad + \quad 1.5671 \quad = \quad 2.9341$$

とし，計算後に数値を丸める．この例は有効数字が3ケタと4ケタだから，計算後の有効数字は小さいほうにあわせる．したがって，2.93 または 2.93_4 に丸める．

しかし，いまやデジタル時代である．データは測定機器が自動的に処理する．電卓で計算するとどこまでも数値が示される．そのときはあまりケタ数にこだわらなくてもよい．1.36_7 と 1.567_1 がそれぞれ1.36725と1.56714という元データであるなら，それをそのまま計算して，

$$1.36725 \quad + \quad 1.56714 \quad = \quad 2.93439$$

となり，有効数字を考慮すると，結果は2.93または 2.93_4 となる．

第10章

図表・図解のつくり方・入れ方

10.1 なぜ図表・図解を使うのか

理系文書には図表や図解が多く載っている．それは，実験・観察・シミュレーションなどにより得られたデータを，読み手に明確にわかりやすく伝えたいからである．

データは，一般的には変数 x（たとえば時間変化などの実験条件の変化）に対して，結果 y（たとえば生成物の収率や物性の変化）がどのようになっているのかを示すものである．それらのデータはそのまま（いわゆる生データ）で示されてもわかりにくい．表や図（グラフ）にまとめたり図解したりして，加工して示すと読み手は理解も判断もしやすい．逆の言い方をすると，データは表や図（グラフ）にまとめないと，読み手にわかってもらえない．

実験データを文章で説明した例　悪い例

化合物Aの合成実験を50℃で行い，その反応時間を変えて収率を求めた．反応時間の15，30，45，60，75，90，105および120分ごとに試料の収率を求めた．得られた収率は上記時間に対して，それぞれ3，10，44，63，70，77，79および80%という結果が得られた．

このように文章で説明されてもすんなり理解できない．表10.1のようにまとめると，数値データの変化として収率を理解できる．それをグラフ（図10.1）にすると変化は一目瞭然となり，反応時間90分で収率は約80%になり120分でもほぼ同様であったことがたやすく理解できる．

実験データを表とグラフで説明した例 改善例

化合物Aの合成実験を行い，その反応時間を変えて収率を求めた．反応時間に対する試料の収率を表10.1および図10.1に示す．

表10.1　化合物Aの反応時間変化に対する収率(温度/50℃)

反応時間(分)	15	30	45	60	75	90	105	120
収率(%)	3	10	44	63	70	77	79	80

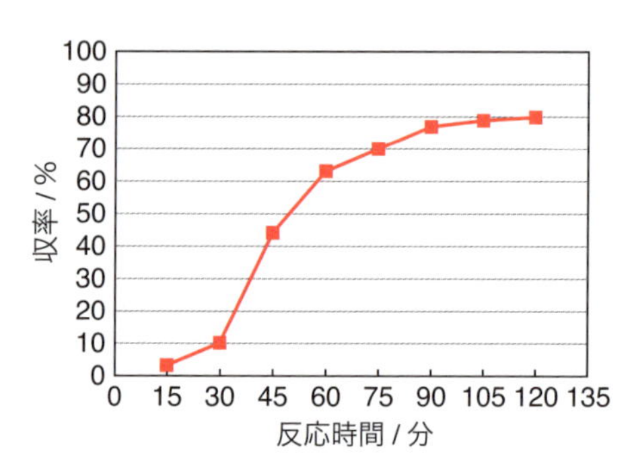

図10.1　化合物Aの反応時間変化に対する収率（温度 / 50℃）

10.2 図表を入れる場所とキャプションの付け方

10.2.1 図表を入れる場所

文書中への図表の入れ方は2つある．

① 本文の該当する箇所に入れる

ひとつは，本文内でデータを議論している箇所に図表を挿入する方法である．1段組なら本文の対応箇所に，紙面の横幅全体を使って載せてもよいし（図10.2 a），本文の右または左側に寄せてもよい（図10.2 b）．2段組なら本文の対応箇所に段組の横幅全部を使って図表を載せる（図10.2 c）．大きな図表は段組を外して紙面の横幅を使う（図10.2 d）．

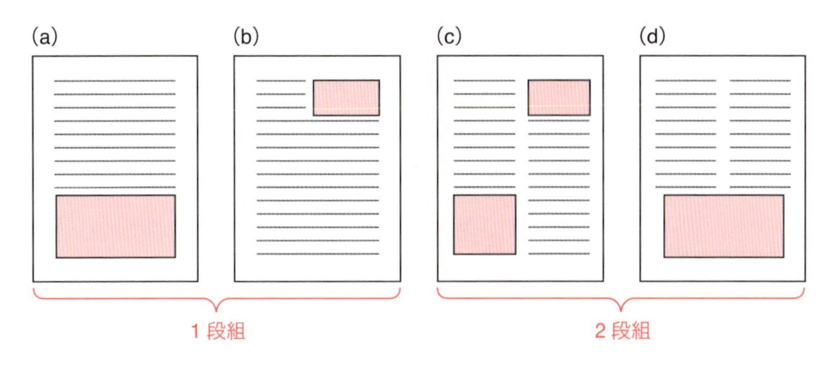

図 10.2　図表を本文の該当箇所に入れる方法

表・図・図解の番号は出てくる順序に追い番で付ける．

このやり方だと図表が本文の近くにあるので，図表と本文を同一紙面で見ながら読めるから理解しやすい．レポートが大部にならないのも長所である．その一方で，図が小さくなりデータの詳細な検討は行いにくい．

② 本文の後ろにまとめて入れる

もうひとつは，本文の後ろにまとめて図表を置く方法である．まずは本文がすべて終わった後に表を番号順で置き，次に図を番号順で置く．表と図の番号は出てくる順序に追い番で付ける．1 ページに 1 つの図を載せると，データやその変化を大きく見せられる．

この方法だと表や図に大きなスペースを取れるので，データを吟味することが容易である．しかし，本文から離れているのでデータと本文とを対応させるためページをあちこち繰るのが面倒かもしれない．また，レポートが大部になるのも欠点である．

どちらにするかは，そのときの状況や組織の慣習に従うとよい．

10.2.2　キャプションを付ける

図表には必ずキャプション(表題)を付ける．キャプションを付ける位置は表と図では異なる．表のキャプションは表の上に置き，図のキャプションは下に置く(表 10.1・図 10.1 参照)．

① 主題と目的を記す

キャプションには主題と目的を記す．つまり，何を(主題)どうしたのか(目的)を明確に記す．読み手がどのようなデータが示されているかをただちに理解できるからである．

主題がないキャプション例 悪い例

図1 電流–電圧特性

これではどんな試料の電流–電圧特性が示されているかわからない．作製した固体素子試料(AおよびB)の電流–電圧特性を測定してそれを示したのなら，以下の表題にする．

主題と目的が書かれたキャプション例 改善例

図1 固体素子試料AおよびBの電流–電圧特性

主題(固体素子試料AおよびB)と目的(電流–電圧特性)が記されているので，どんなデータなのかを読み手がたやすく理解できる．

② 補足説明を入れる場合

表題にデータに関する補足説明(試験や実験条件など)を記してもよい．2つの例を示す．

補足説明を記したキャプション例

(a) 図2 試料AおよびBの可視域(380-780nm)の分光透過率

(b) 図2 試料AおよびBの分光透過率(380-780nm)

(a)でも(b)でも，分光透過率を調べたのは可視域(380-780nm)であることがわかる．

10.3 表の基本形式と注意点

表の基本形式は図 10.3 のようになる．

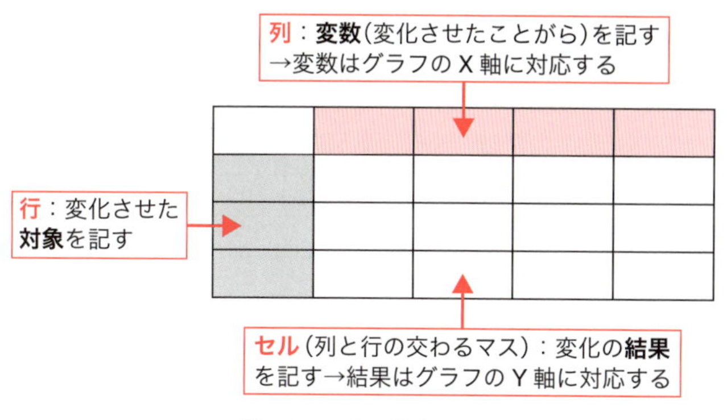

図 10.3　表の基本形式

例を示して説明する．表 10.2 は，試料 No.1，2，3 の物性 α（単位は degree）を試験条件 A，B，C で測定し，そのデータを示したものである[*1]．

単位をキャプションに書いた表

表 10.2　試験条件 A，B，C に対する試料 No.1 ～ 3 の物性 α の変化

		試験条件		
		A	B	C
試料	No.1	60	75	80
	No.2	36	53	61
	No.3	16	27	36

（単位：degree）

列に試験条件 A, B, C を，行に試料 No.1 ～ 3 を記し，セルに物性 α のデータを示す．単位はキャプションもしくは，セル内や表外に記す．この例では表外に記した．

*1　この例は架空の物性なので，身近な物性を思い描いて読んでもらいたい．

セルに結果を記号で記す場合もある．そのときは記号の説明をあわせて示す．そうすると書き手がどのように判断したかを，読み手が理解できる．試験方法なども記すと読み手が理解しやすい．その例を以下に示す．

セルに結果を記号で記した表

表 10.3 合成条件 A，B，C に対する液体試料 No.1 ～ 3 の外観

		合成条件		
		A	B	C
試料	No.1	○	○	△
	No.2	○	△	×
	No.3	○	×	×

○：透明，△：白濁，×：沈殿形成
（常温の試料を目視で判定した）

この表は合成条件 A，B，C で液体試料 No.1 ～ 3 を合成し，その外観を目視で調べた結果である．記号で○と書かれただけでは，読み手は○が何かを推測しなければならない．記号の説明は必須である．

10.4 グラフの基本形式を知ろう

理系文書に載せる図は，データの変化などを示すグラフである場合が多い．グラフの基本形式は，折れ線グラフ，散布図，棒グラフおよび円グラフである．うまく使い分けるとデータをわかりやすく示すことができるので，それぞれのグラフの特徴を知っておこう．

10.4.1 折れ線グラフ

折れ線グラフは，時間やエネルギーなどの変化を X 軸に置き，それに対する結果を Y 軸にプロットして，データ点を線で結んだ図である．たとえば，波長変化（X 軸）に対する物質の透過率の変化（Y 軸）や，ある実験条件における物性の時間（X 軸）に対する変化（Y 軸）などを表す．

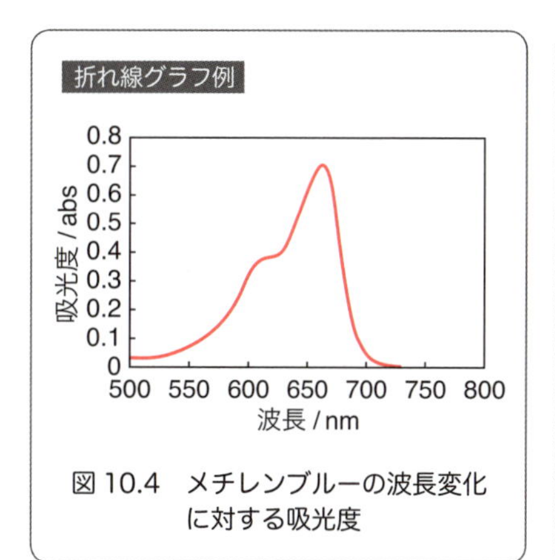

図 10.4　メチレンブルーの波長変化に対する吸光度

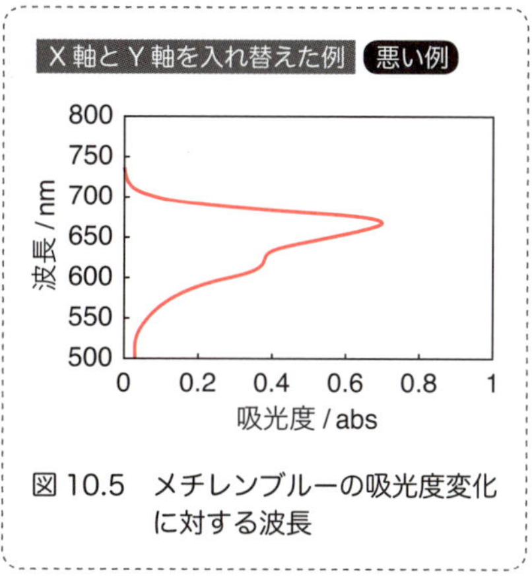

図 10.5　メチレンブルーの吸光度変化に対する波長

折れ線グラフではデータ点を実線や波線などの線で結ぶ．これは，データ点をそのように結ぶことに意味があることを示している．線で結ぶことの意味がないか薄いときは，次項に示す散布図を採用する．

図 10.4 はメチレンブルーという有機色素の波長変化に対する吸光度を示した図(吸光度)である．波長はエネルギーに対応しているので折れ線グラフで示す．理系文書ではなじみ深い図である．この X 軸と Y 軸を入れ替えると図 10.5 になり，大きな違和感を抱く．このような図が理系文書に載ることはない．X 軸は波長にすべきである．

もうひとつ例を出す．次ページの図 10.6 は，メチレンブルーの分解反応(一次反応による分解)を，色素の最大吸光度(663nm の吸光度)の変化で追跡したものである*2．図 10.6 のようにデータ点を線で結ぶと，変化は線で結んだように起こっていると，書き手は認識していることを示す．メチレンブルーは一次で分解するのだから，この表示は合理的である．

p.161 の表 10.2 を折れ線グラフで示すこともできる．この場合 X 軸はエネルギーや時間ではないが，物性 α が連続的に変化していると考えられるのなら，折れ線グラフで示してもよい．それを図 10.7 に示す．

*2　分解反応は，たとえば酸化チタンの光触媒反応などである．

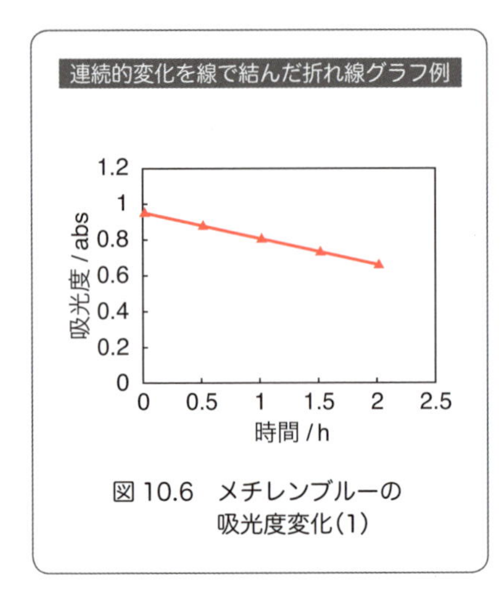

図 10.6　メチレンブルーの吸光度変化（1）

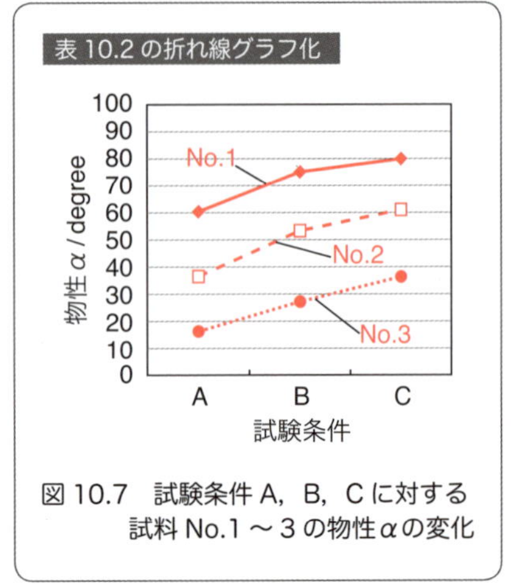

図 10.7　試験条件 A，B，C に対する試料 No.1 ～ 3 の物性 α の変化

このように X 軸がエネルギーや時間変化でなくても，連続的に変化し，それを線で結ぶことに意味があるなら，折れ線グラフを採用してもよい．

10.4.2　散布図

ある変化とそれに対する結果との関係性を調べる図が散布図である．データ点を線で結んでいないことが折れ線グラフとの違いである．

例を 2 つ示して説明する．ひとつ目は，図 10.6 と同じ吸光度変化の実験で，データ点が理想的な一次直線から離れているケースである．それを図 10.8 に示す（数値データも記してある）．この図で示されているデータ点を単純に線で結ぶと，下がって上がってという変化になる．メチレンブルーの分解反応は一次反応であるから，これは不合理である．これは何らかの理由により実験データが理想的な変化から外れたことによる．実際の実験ではこのようなケースが多い．そのようなときは散布図でデータを図示する．このとき，真の変化はデータ点を近似線で近似して示す．それを図 10.9 に示す．近似線はエクセルなどの表計算ソフトやグラフ作成ソフトで描くことができる．

もうひとつの散布図は，データ X とデータ Y との関係性を調べるものである．たとえば，ある試料 A の物性 α と物性 β との関係性を調べたい

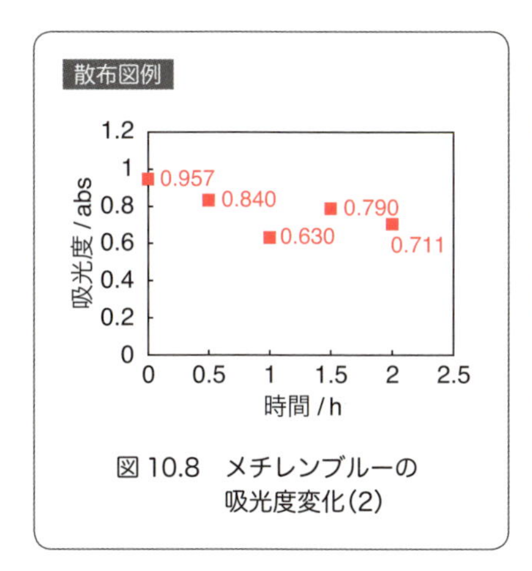

図 10.8　メチレンブルーの吸光度変化(2)

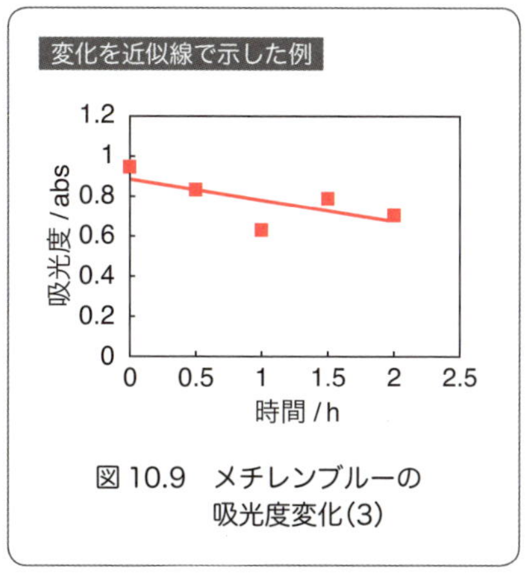

図 10.9　メチレンブルーの吸光度変化(3)

ときは，試料 A の物性 α と物性 β を散布図で示して検討する[*3]．それを図 10.10 に示す．散布図だけでは関係性がよくわからないときは，近似線を引くと直感的に理解しやすい．図 10.10 には一次近似線も示しておく．

物性 α と物性 β の相関性は相関係数を求めることにより判断できる．この例では相関係数は -0.9 であり，強い相関性がある．つまり，物性 α が大きくなると物性 β は直線的に小さくなるという相関関係があり，それは強い相関性をもつということである．相関係数は「エクセル」などの表計算ソフトで計算できる[*4]．

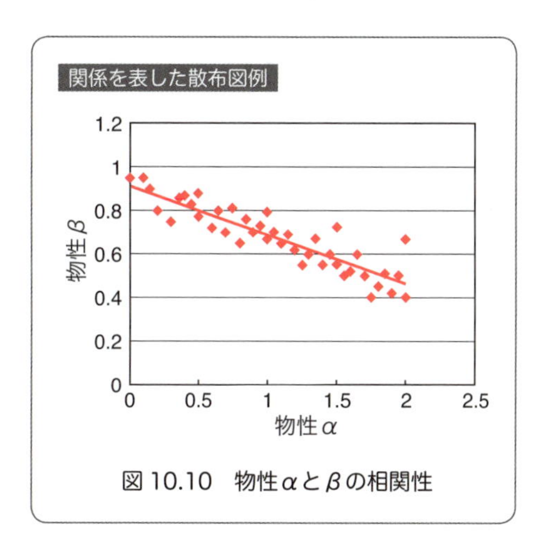

図 10.10　物性 α と β の相関性

*3　この例も架空の例である．身近な対象を考えながら読んでもらいたい．
*4　「エクセル」ではメニューの「数式」から「その他の関数」，次いで「統計」を選択し「CORREL」で計算できる．また，「分析ツール」をアドインし，「データ分析」中の「相関」でも計算できる．

10.4.3 棒グラフ

X軸が時間やエネルギーの変化ではないときは，原則として棒グラフを使う．たとえば，ある一定人数(クラス内など)の身長分布は棒グラフ表記が適切である．それを図10.11に示す．

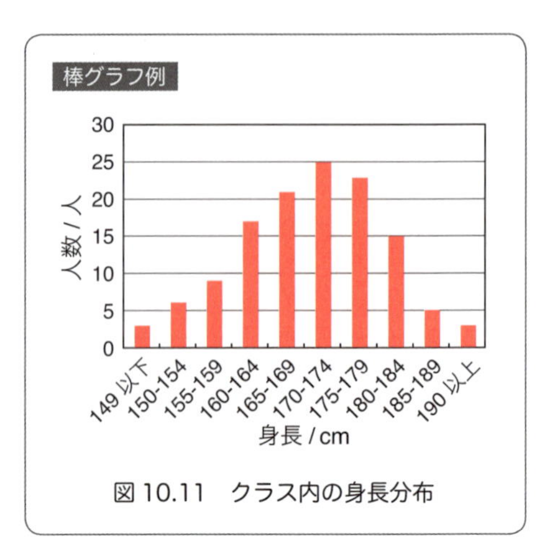

図10.11 クラス内の身長分布

図10.7では，表10.2を折れ線グラフで表したが，このような連続していない変化のグラフ化は原則的には棒グラフが適切である．それを図10.12に示す．ただし，実際には，折れ線グラフを用いるか棒グラフにするかは，書き手が意図を伝えやすく，読み手にとって違和感のないものを選ぶ．あまり原則にこだわらず，組織の慣習や状況で判断してよいだろう．

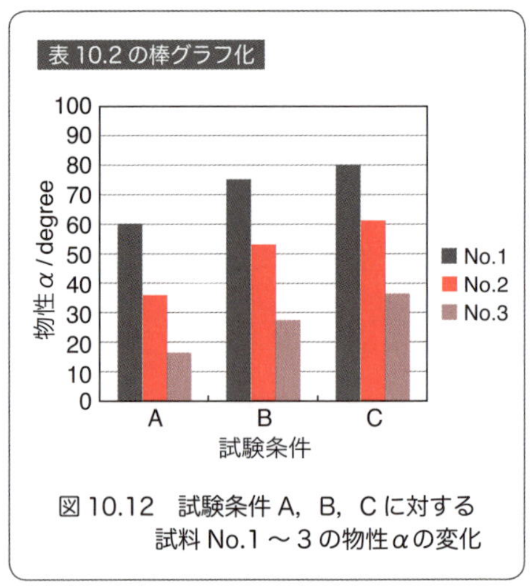

図10.12 試験条件A，B，Cに対する試料No.1～3の物性αの変化

10.4.4 円グラフ

円グラフは，変化する量が1種類で，その変化を調べたい対象が複数あり，その合計が100（または1)であるときに作成する．変化したものの構成比を表すときによい．円グラフでは円内に変化したものを変化の程度に合わせて扇形に示すので，直感的に理解しやすい．機器・材料の構成比や製品のシェア比較などに使うと便利である．

例として，ある製品Aのメーカー別のシェアを図10.13に示す．

ただし，いくつかの円グラフを比較して議論することは難しい．円の大きさを合わせて扇形の面積を比較しなければいけないので，数値データが示されていても面倒だからである．データを比較検討したいときには，折れ線グラフか散布図か棒グラフがよい．

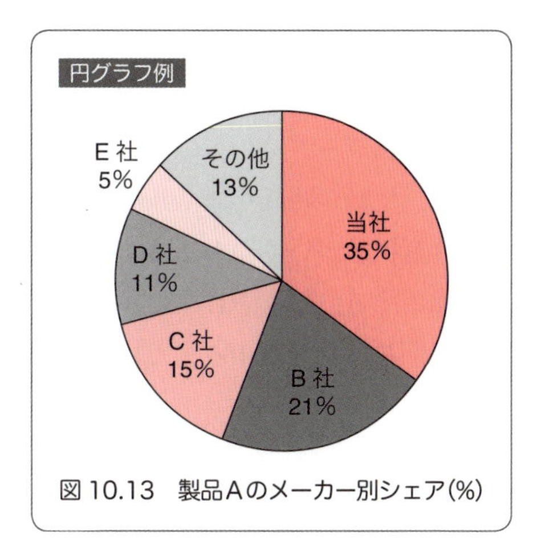

図 10.13　製品Aのメーカー別シェア(%)

10.5　グラフ作成時のポイント

10.5.1　どのグラフを選ぶか

データが揃ったらどのグラフを選ぶか？　意外に迷うかもしれない．そのガイドラインを図 10.14 のチェックフローで示す．まず，X 軸が時間か

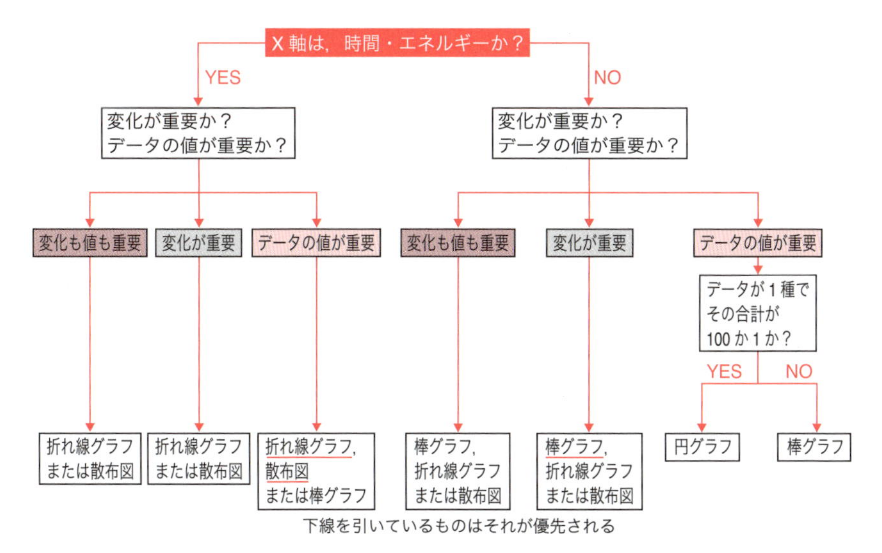

図 10.14　グラフ選定のチェックフロー

エネルギーであれば，フロー図の左側へ進む．

基本的にはこの場合は折れ線グラフが好ましいが，データの変化が重要か，またはデータそのものの値が重要かにより，選択肢が分かれる．

一方，X軸が時間かエネルギーでなければ右側へ進む．この場合は状況により選択肢がいくつかある．データの変化が重要なら基本的には棒グラフを採用する．どちらにするかは状況によって決める．データの値が重要であり，その合計が100または1であれば円グラフを採用するとよい．

10.5.2 グラフ作成で注意すること

① データの数値を添付する

グラフ化したデータのうち，重要なものはできれば表にまとめて添付する．あとで検討するときに，数値データがあれば便利だからである．

グラフ内にデータを表記するのもよい方法である（図10.8参照）．グラフのメリットはデータの変化がひと目で直感的に理解できることである．しかし，個々のデータを数値として示さないと，具体的なデータがわかりにくくなるのがデメリットである．グラフ内にデータが表記されると，それが数値としてわかるから，データを検討するときに便利である．

② Y軸の取り方に注意する

グラフを描くとき，Y軸の範囲をよく吟味する．見せたいデータや強調したいことを読み手に理解してもらえるような大きさと範囲にしなければならない．また，同様の図が何枚か続く場合，Y軸のスケールを統一しておくと図を見た瞬間にその相対関係がわかり，読み手の理解を助ける．

③シンボルは見やすく

折れ線グラフや散布図では，□や○のシンボルをある程度大きくする．変化がよりわかりやすくなるからである．折れ線グラフの線を実線や破線にしたり，棒グラフの棒にドットや斜線を入れるのも，見やすくする工夫である．

④カラー化する

折れ線グラフのシンボル（□や○など）や線をカラー化するとデータの変

化がひと目でわかる．複雑なグラフでは，カラー化と，線を実線や破線などに変化させることを組み合わせるとよい．グラフ作成ソフトではほとんど自動的にカラー化してくれる．小型でカラー印刷が手軽にできるレーザープリンターやインクジェットプリンターが出回っているので，カラー印刷も容易である．これらの機器を活用するのはデジタル時代の特権である．

10.6 図解のテクニック

時系列で進行するできごとは，図解するとわかりやすくなる．図 10.15 はその例である．また，ある概念やシステムなどの説明は，文章だけではわかりにくい場合が多い．そのようなときも図解する．

10.6.1　図解の例

以下では 2 つの例(「実験フロー図」と「概念の図解」)を挙げて説明する．

① 実験フロー図

実験フロー図は実験プロセスを図解したものであり，実験のプロセスが理解しやすくなる．フロー図のとおりに実験をすれば間違いなく実験できるようにしあげると，読み手に役立つ図になる．

図 10.15 に，ある化合物 A の合成プロセスの図解を示す．溶媒に原材料 α と β を入れ，いくつかの加熱還流条件で化合物 A を合成することを示している．実験した反応容器(三ツ口フラスコ)の写真も示されているので，実験するときの参考になる．

② 難しい概念の図解

難しい概念も図解するとわかりやすくなる．図 10.16 にカタツムリの殻が汚れない理由を図解した例を示す．カタツムリの殻はミクロの溝からなっており，それが水を貯めて水膜を形成する．その水膜上に汚れが付くと，汚れは水膜によって容易に除去されることを示している．キーワード

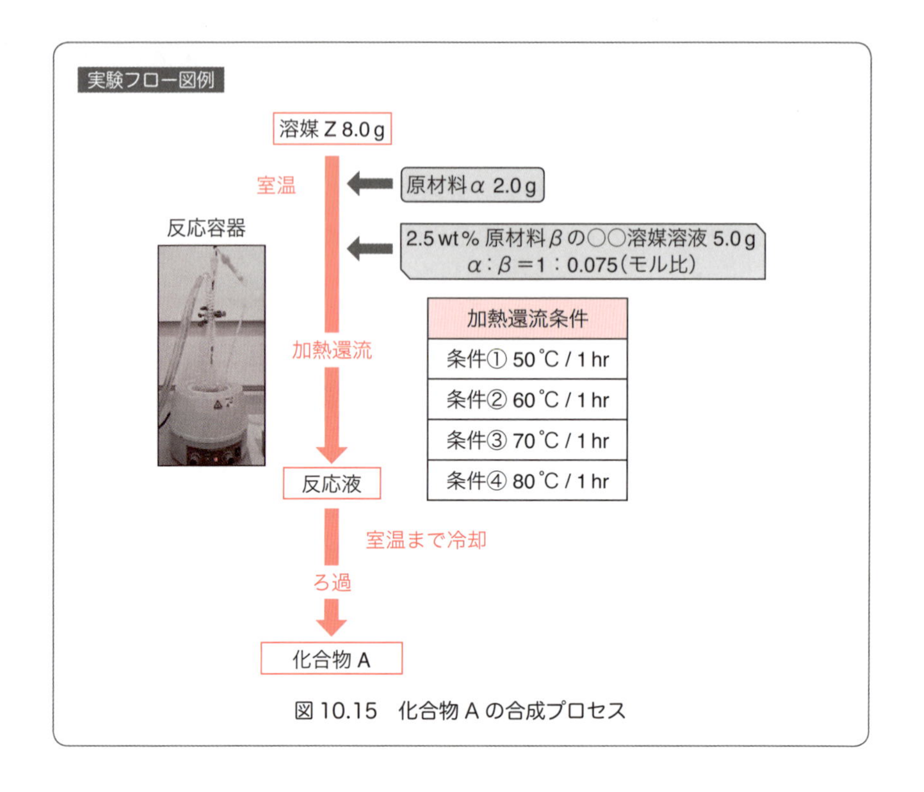

図 10.15　化合物 A の合成プロセス

を枠で囲み，キーワードを矢印でつなげる．また，模式図を描くと理解しやすくなる．

10.6.2　図解を描くときの注意点

① 方向を人の認識に合わせる

図解に何が描かれているかを，人は視点を図解の左上から斜め右下または右方向へ移動させて認識する．そのため，図解するときは左上から右下へ，図や文字を順番に並べていく理解されやすい．左上から右方向へ図や文字を並べ，折り返してもよい．わかりやすい図解のコツは「上から下へ，左から右へ」である．

② キーワードをうまく使う

図解ではキーワードの選択が重要である．実験フローでは実験内容を示

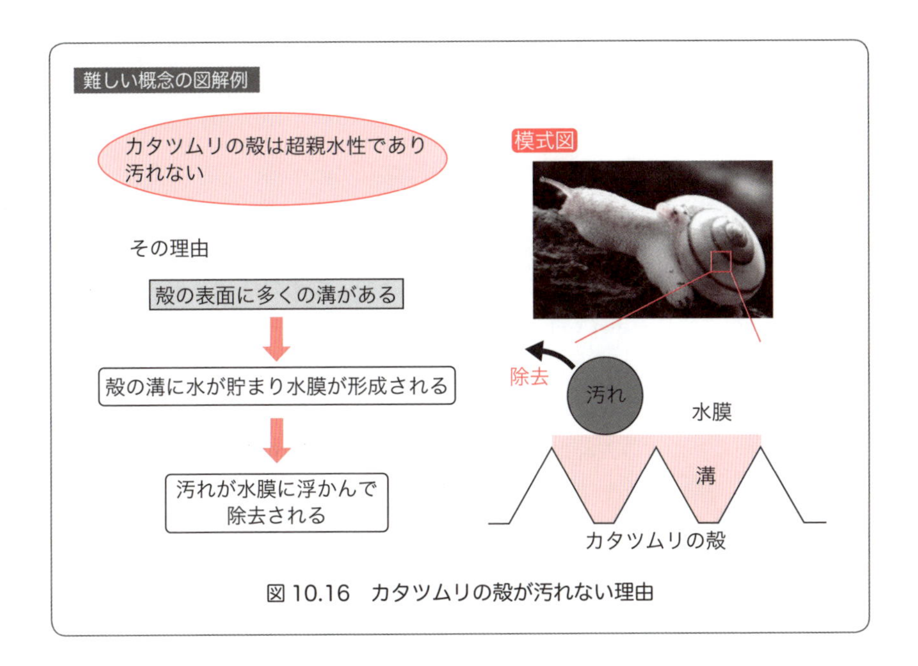

図 10.16　カタツムリの殻が汚れない理由

すキーワード，概念の図解では概念を表すキーワードをうまく選ぶとわかりやすい図解ができる．図 10.15 では試薬（濃度，使用量も明記）や反応条件（加熱還流）を明記してある．図 10.16 ではキーワードを文章にして述べてある．この例では文章で記されているが，単語や文節でもよい．図 10.16 だと，「殻の表面に多くの溝がある」に代えて「殻表面の溝」としてもよい．

③ 図形を有効に使う

図形を有効に使って，簡単で特徴のある模式図や概念図を描くとよい．特徴を大きくデフォルメするのもわかりやすくする手である．キーワードは四角形や楕円形などの枠で囲むと強調される．

コラム　その 10

図表・図解作成のためのソフト

図表や図解を作成するときは，パソコンの表計算ソフト，グラフ作成ソフトやプレゼンテーションソフトを活用したい．マイクロソフト社の「エクセル」や「パワーポイント」，アップル社の「ナンバーズ」や「キーノート」などが代表的なものである．それ以外にも，「オリジン」（ライトストーン社）などのグラフ作成専用ソフトもある．

「エクセル」などの表計算ソフトは表計算とグラフが同時に作成できる．たとえば，表 10.2 を作成し，それを使ってソフトのグラフ作成プロセスの指示に従えば，図 10.7 と図 10.12 を作成できる．その画面を図 10.17 に示す．

作成したグラフをワープロソフトの「ワード」や「パワーポイント」に

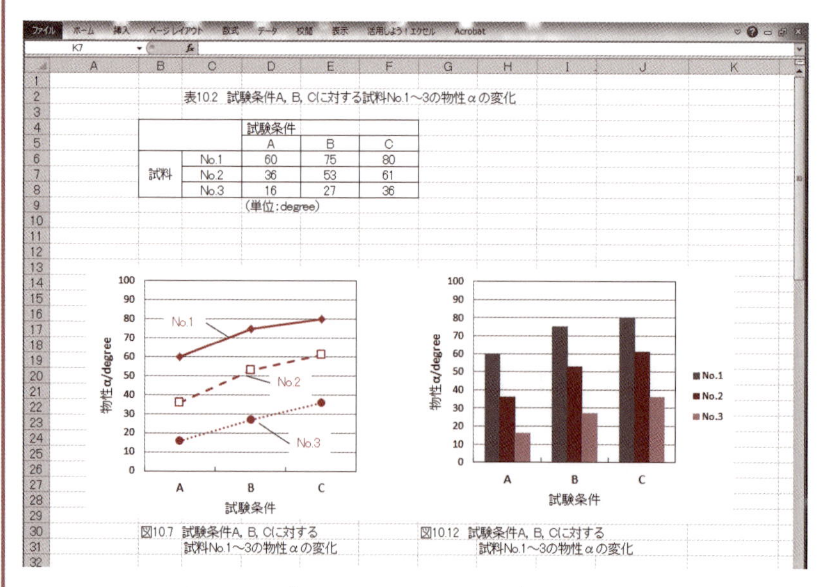

表10.2　試験条件A, B, Cに対する試料No.1～3の物性αの変化

		試験条件		
		A	B	C
試料	No.1	60	75	80
	No.2	36	53	61
	No.3	16	27	36

（単位：degree）

図 10.17　「エクセル」による表とグラフ作成画面

貼り付けて使用したり加工することもできる．このとき，「元の書式を保持して」貼り付け，「ワード」や「パワーポイント」の画面上でグラフをクリックすると「エクセル」画面になり，表やグラフの修正ができる．便利な機能である．しかし，ファイルの容量が大きくなり，「ワード」や「パワーポイント」の操作が重たくなることもあるので注意する．また，「図」として貼り付けることもできる．この場合だと容量は小さいが「エクセル」としての機能は使えなくなる．どちらがよいかは，作成する書類による．表やグラフを修正する可能性があるなら，「元の書式を保持」しておく．図を使用するのみなら「図」として貼り付ける．

グラフを「パワーポイント」に貼り付けてプレゼンテーションに使うこともできる．このときグラフの説明やそのデータの示す結論を併記するとわかりやすくなる．その例を図 10.18 に示す．これもまた，「ワード」に貼り付けて使用することもできる．

このように表やグラフはいろいろなソフトで活用ができる．ソフトの機能を知り，十分に使いこなすとよい．

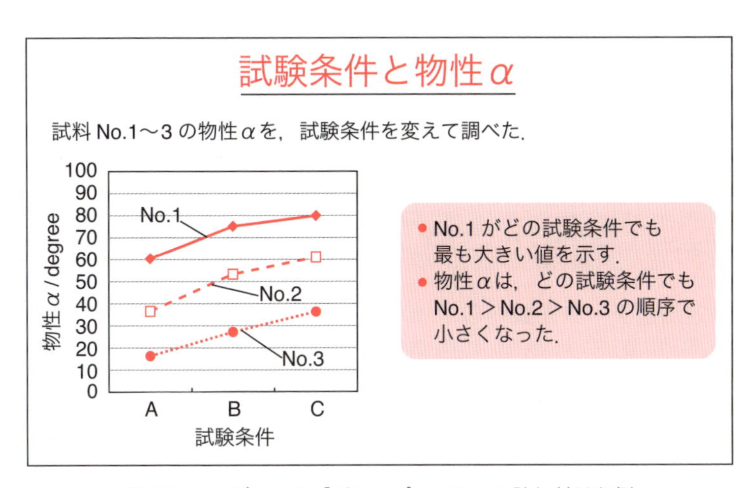

図 10.18　グラフを「パワーポイント」に貼り付けた例

第11章

レポートを書く手順とコツ

理系人はレポート（報告書）を書く機会が多い．学生は大学で課題を与えられて実験，調査やシミュレーションを行う．そのとき「実験レポート」，「調査レポート」や「シミュレーションレポート」を求められる．卒業研究や大学院の研究だと「進捗報告書」を書く．企業や研究機関でも，研究者や技術者は，実験や調査が終了すると「実験レポート」や「調査レポート」を提出するし，研究の進捗を月度や四半期ごとに「月度報告書」や「四半期報」として報告する．本章ではこうしたレポートの基本的な構成と書き方を説明する[*1]．

レポートは，第7章と第9章に述べた方法に従えば書ける．しかし，レポートには特有のスタイル（形式）と書くコツがあるから，それを理解するとよりわかりやすく早く書くことができる．

次節以降は，一定期間実験しながら進めている研究を対象とした「実験レポート」を取り上げて説明する．その後で，「調査レポート」「シミュレーションレポート」の構成と書き方を述べる．

11.1 レポートを書く前の準備

① 実験方法とデータを並べる

実験方法とそれに対応する実験結果（データ）をトランプカードの山を並べる要領でひとまとめにする（図11.1）．データは表や図にして見やすくする．

---

*1　企業における報告書には別形式のものもある．それらは第17章で取り上げる．

② データについて考察する

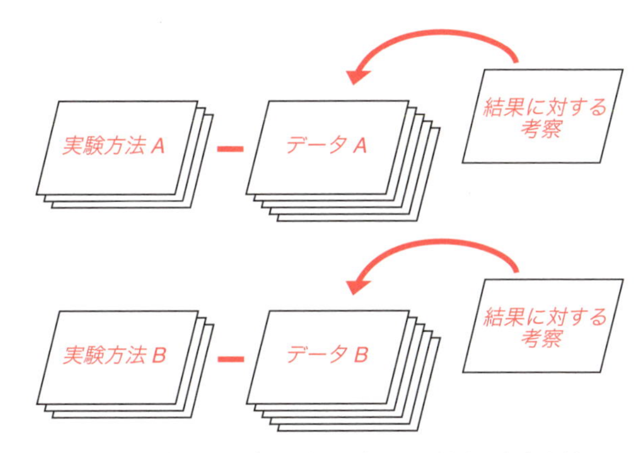

図 11.1　実験方法とデータおよびそれに対する考察を並べる

実験結果に対して考察したことを書く．そのシートをデータの束に乗せる．結果が得られたときに，すでに考察しているかもしれないが，時間がたてば別の見方も生じ得るから，考察の内容が適切か，ここでもう一度見直す．新たな考察があれば，それを以前の考察に書き加えるか，以前の考察を修正する．

③ 結論(まとめ)を作成する

実験全体の結論(まとめ)を箇条書きで書く．以前に書いてある場合も，もう一度見直す．以前の結論を修正または追加するときは，それを箇条書きで記し，束の上に置く．

④ 今後の進め方を考える

継続的に提出するレポートでは，以下のようにして今後の進め方を考える．1 回限りのレポートや実験・調査レポートでは不要の場合もある．

1. 研究目的，実施期間の目標と結論を比べ，**不足点**を挙げる．
2. 新たな**疑問点**を探す．
3. これらから**対策**，すなわち**今後の進め方**を考え，箇条書きで記す．

11.2　レポートのスタイル(形式)

レポートの基本構成は以下のとおりである．

レポートの基本構成

表紙（表題，所属，氏名）

概要

本文

1. **緒言**（背景，目的，目標）
2. **実験／調査方法／計算方法**
3. **結果と考察**
4. **結論／まとめ**
5. **今後の進め方**

引用文献

表と図の入れ方は 3 種類ある．どれかを選択する．

図表の入れ方

① **各章の後ろに**，表を番号順に並べ，次いで図を番号順に並べる．

② **本文の後ろに**，表を番号順に並べ，次いで図を番号順に並べる．

③ **本文の該当するところに**，表と図を番号順に挿入する．

それぞれのメリットとデメリットは第 10 章 p.158 を見てほしい．

11.3 レポート本文の実際例

では，実際のレポートの例[*2] を見ていこう．ここでは「実験レポート」の本文の例を挙げる．

*2　架空の内容である．あなたの身近な対象に置き換えて読んでもらいたい．

実験レポート例

研究テーマ：新規プロセスによる材料トギコンαの作製と機能性材料への応用
レポート題名：水溶液プロセスによるトギコンαの作製と構造および物性解析

1．緒言

1.1 背景

われわれが開発したトギコンαは優れた光機能を発現し，その光機能材料としての応用研究が活発である．しかし，耐熱性に問題がある．それを改善することにより高温環境下で使用可能な部材として応用範囲が広がることが期待される．

1.2 目的

① 新規プロセスで機能性材料トギコンαを作製し，その結晶構造と物性を調べる．
② 耐熱性に優れた機能性材料として応用する．

1.3 目標(レポートの対象期間の目標)

① 原材料ザクロスAを用いて，水溶液プロセスによりトギコンαを作製するプロセスを開発する．
② 得られたトギコンαの結晶構造を解析し，物性βおよびγを調べる．

2．実験

2.1 試料の作製

トギコンαは新規水溶液プロセスで作製した．そのフローを図1に示す．作製プロセスは以下のとおりである．

ザクロスA 17.6 g（9.78×10^{-2} mol）を H_2O 100 g に溶解した．この水溶液に29% アンモニア水 28 g を撹拌しながら添加してpHを9とし，白色沈殿（水酸化ザクロスA）を生成させた．沈殿をろ過し，ろ液のpHが7になるまで H_2O で7回洗浄した．洗浄後の沈殿を三ツ口フラスコに入れ，それに H_2O 100 g，試薬カタコンB 30.0 g（3.74×10^{-2}

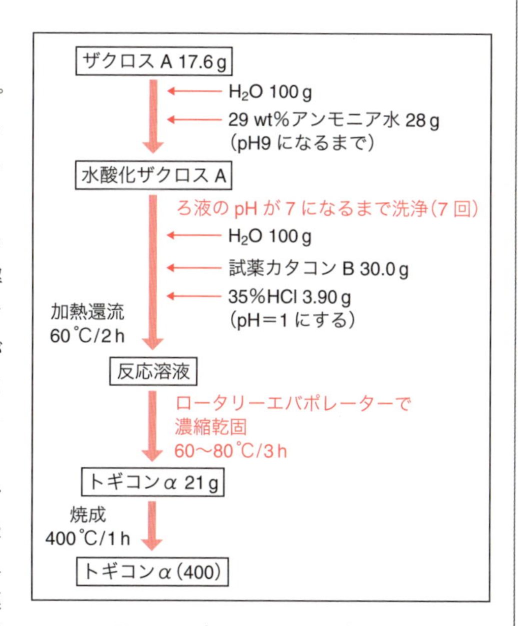

図1 トギコンαの作製プロセス

mol）および35% HCl 3.90 g を添加して pH = 1 とした．この溶液を 60℃/2 h 加熱還流した．反応液をロータリーエバポレーターで濃縮乾固（60 〜 80℃/3 h）して，トギコン α 粉体を得た．さらに，トギコン α を 400℃/1 h 焼成して，トギコン α（400）粉体を作製した．

比較試料は従来プロセスで作製した〔トギコン α（比較）〕．それをさらに 400℃/1h 焼成してトギコン α（比較）（400）を得た[1]．

作製した試料一覧を表1に示す．

表1　作製した試料一覧

名称	作製プロセス
トギコン α	新規水溶液プロセスで作製した 焼成処理ナシ
トギコン α（400）	新規水溶液プロセスで作製した 400℃/1 h 焼成
トギコン α（比較）	従来プロセスで作製した比較試料 焼成処理ナシ
トギコン α（比較）（400）	従来プロセスで作製した比較試料 400℃/1 h 焼成

2.2　測定

試料の結晶構造は，X 線回折（XRD）装置 ZYZ（日本分析機器）を用いて調べた．

試料の物性 β は，測定法 XXY 法により，物性 β 測定機 ACH-2 型（東洋機器）を用いて，100℃の加熱条件下で測定した．

3．結果と考察

3.1　結晶構造

新規プロセスによるトギコン α，トギコン α（400）および比較試料の結晶構造を XRD パターンを測定して調べた．そのパターンを図2〜5に示す．新規プロ

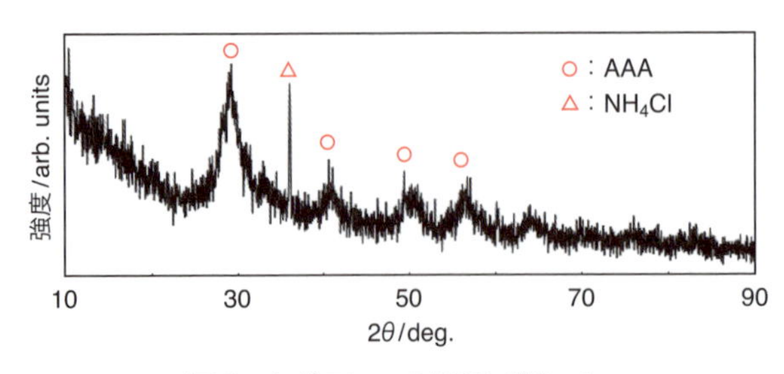

図2　トギコン α の XRD パターン

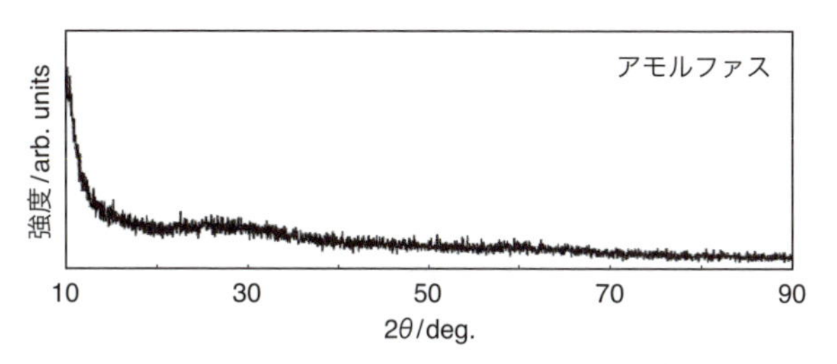

図3　トギコンα(比較)のXRDパターン

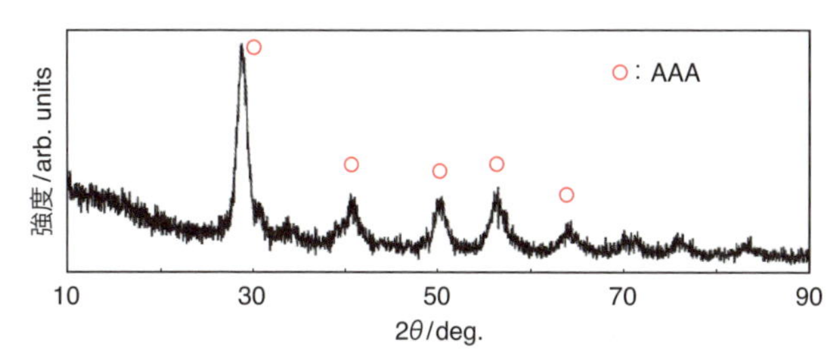

図4　トギコンα(400)のXRDパターン(400℃/1h焼成)

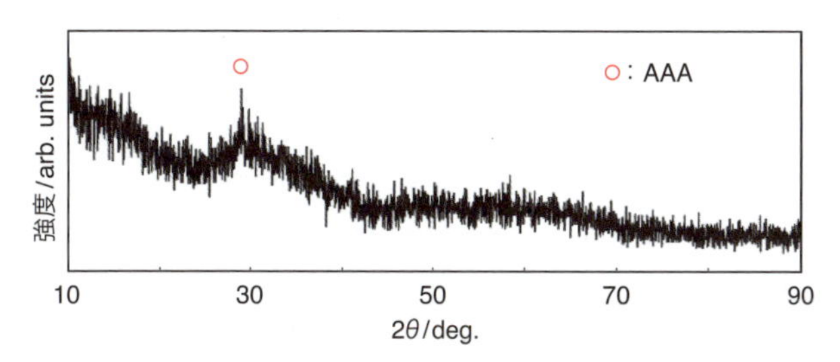

図5　トギコンα(比較)(400)のXRDパターン(400℃/1h焼成)

セスによる試料はともに結晶構造がAAA型であった．トギコンα（400）のXRDパターン強度はトギコンαのそれより大きい．

しかし，従来プロセスで作製したトギコンα（比較）は測定した領域でピークが観測されず，アモルファスであった．

一方，400℃/1h焼成したトギコンα（比較）（400）は結晶化しAAA型を示したが，XRDパターン強度は小さい．

3.2　物性β

作製した4試料の耐熱性を調べるために，100℃の加熱条件下で物性βの変化を120分まで測定した．物性βの変化を表2および図6に示す．物性βの変化は測定開始前を100とした相対値である．各試料の結果は一次近似線で近似されるので，物性βは加熱により直線的に低下することがわかった．120分後の物性βは，

表2 加熱条件下におけるトギコンαの物性βの変化

試料名	物性β				
	加熱前	30分	60分	90分	120分
トギコンα	100	94	89	84	78
トギコンα(400)	100	97	93	91	88
トギコンα(比較)	100	89	76	68	62
トギコンα(比較)(400)	100	91	84	75	70

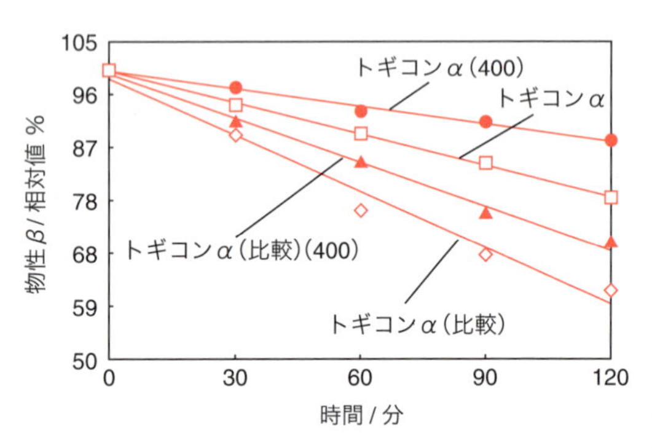

図6 加熱による物性βの変化

トギコンα(400)が最も高く，次いでトギコンα＞トギコンα(比較)(400)＞トギコンα(比較)の順に低くなる．新規プロセスで作製したトギコンαおよびトギコンα(400)は，加熱下での物性βの変化が小さいことがわかった．作製プロセスを変えることによって加熱下での物性βの変化が小さくなることは，類似化合物カリトスσ[2)]でも見られず，本研究で初めて見いだされた．したがって，トギコンαおよびトギコンα(400)は，耐熱性に優れており，耐熱性が要求される分野へ応用されることが期待される．

3.3 物性γ

測定できなかった．

4．結論

①原材料ザクロスAを用いて，新規水溶液プロセスによりトギコンαおよびトギコンα(400)を作製した．

②トギコンαおよびトギコンα(400)の結晶構造はAAA型であり，結晶性が比較試料より良好であった．

③トギコンαおよびトギコンα(400)の加熱下における物性βの変化は，対応する比較試料より小さく耐熱性に優れている．

④これは高耐熱性材料として応用できると考えられる．

5．今後の進め方

① 物性 γ は未測定である．今後測定する．
② トギコン α の作製プロセスをさらに改良する．未焼成でも 400 ℃/1 h 焼成試料と同等以上の耐熱性を示すプロセスを開発する．

※引用文献は省略した（11.5 節「引用文献の書き方」参照）．

11.4 レポート本文の各項目の書き方

レポートは，原則として本文から書いていく．「概要」や「結論（まとめ）」は全体を書いてから記す．書いている間に結論が少し変わるかもしれないからである．以下に，各項目の内容と書き方を，11.3 節の実際例に即して述べる．

11.4.1 「緒言」の書き方と注意点

「緒言」は，レポートの書き出しとなる重要な項目である．「1.　緒言」または「第 1 章　緒言」とする．内容は，研究の「背景」「目的」「目標」である．これらは文章でもよいが，箇条書きだと理解しやすい．

① 背景

まず，研究の「背景」を記す．以下のようなことを書く．

・なぜその研究を行うのか
・研究を行う意義は何か
・その目的や目標を掲げた理由は何か
・先行研究は何をどこまで解明しているのか．それに対して自分の研究はどこに着目しているのか
・それのどこが新しいのか，他の研究者とどこが異なっているのか

書き手（報告者）と読み手（研究指導者，上司や関係者）の認識が一致して

いる部分は省いてもよいが，ひととおり書いておくのが無難だ．ただし，大学の実験科目でのレポートではたいてい「背景」は不要である．

② 目的，目標

次いで「目的」を記し，そのあとに「目標」を記す．これらは簡潔に箇条書きで記す．「目標」は達成したいことを具体的に述べ，できるだけ数値化する[*3]．しばしば行う内容が記されていることもあるが，それは「目標」ではない．それが必要なら「実施したことがら」を「目標」の次に記す．これを記すのは，「目標」のみだと実施したことが伝わらないと判断されたときである．「目標」を読めばわかるのなら不要だ．

11.4.2 「実験」の書き方と注意点

「2.　実験」または「第 2 章　実験」とする．この章では文章の時制は過去形とする．実験は過去に行ったことだからである．以下に，11.3 節の実際例に則して解説をするが，違う項目を立てる場合もある．

① 試料の作製（合成）

試料の作製や合成など行った実験事実を記述する．後でその研究に関係している人が，それを読んだだけで追試できるように，下記のようなことをある程度詳しく正確に記す．理解を助けるためにフローチャートも添付するとよい．

- **試薬や溶媒**：その量を**有効数字**を吟味して記す．必要に応じて試薬などのモル量を併記する．
- **実験条件**：加熱温度や時間など数値として示すべきものは，必ず数値データを記す．
- **装置**：その名称，型式とメーカー名を記す．

*3　レポートが研究の経過報告なら，研究を行った期間（月度報告書ならその月度）の目標である．実験や調査のすべてを記すレポート（実験レポートや調査レポートなど）なら，実験や調査全体の目標を記す．

② 測定

項目を新たに設けて試料の測定について以下のようなことを記す．

- 何をどの**測定法**や**機器**で測定したのか．
- 用いた機器の**名称**，**型式**および**メーカー名**
- 必要に応じて**測定プロセス**や特記すべきことも記す．

実験のプロセスや試料の写真を撮っておき，それをレポートに添付すると，臨場感があって好ましい．大学の実験レポートでは学生が与えられた課題に対して真摯に向き合っており，真剣に実験していることを教官にわかってもらえる．企業や研究機関でもそれが組織にとって初めての実験なら，実験プロセスの写真があると実験の実際の様子を理解してもらえる．

11.4.3 「結果と考察」の書き方と注意点

「3.　結果と考察」または「第 3 章　結果と考察」とする．研究で得られた「結果」とそれに対する「考察」を記す．この項は「3.　結果」,「4.　考察」としてもよいが，11.3 節の実際例のように「3.　結果と考察」として合わせたほうが書きやすい．

①「結果と考察」に書くこと

試料について調べたこと（測定したこと）について，それぞれに項目を立て，各項目について次のことを順番に書いていく．

1. 試料について**何を**調べたか（測定したか）．
2. どういう**データ**を得て，そのデータはどこに示されているか．
3. それからどんなことが**わかった**のか．
4. **結論**は何か．
5. 残っている**疑問**や新たに発生した**問題点**は何か．

結果は論旨の流れにそって記すのがよい．行った順序どおりに書くのではない．初心者はここを誤りやすいので注意する．試料を作製してそれの構造を解明し，物性を求めた研究なら，何が作製されたのか（合成プロセスや構造など）を記して，次に物性を順番に記すとわかりやすい．

データは「表」と「図」にして，両者をレポートに添付するとよい．図のみだと数値データの詳細がわからない．表があると数値データがはっきりと残るので，後で数値データを詳しく吟味するときに役立つ．

②「結果と考察」を書くときのポイント

第4章や第9章で示した基本的な文章作成のポイントをふまえたうえで，特に以下のことを意識して書くようにする．

- 「考察」を再確認する：アウトライン作成段階で，データは「表」および「図」にまとめられ，一度は考察されているはずである．これらの「表」や「図」を見ながら，再度考察して確認する．追加があれば書き足す．
- 読み手が隣にいるつもりで書く：第9章でも述べたことだが，書き手（報告者）と読み手（教官や上司）が一緒に表や図を見ているつもりで，一つひとつ指さしながら説明する感覚で記述する．決して「見ればわかるから後は自分で考えろ」という書き方をしてはいけない．他人が書いた表や図は見てもわからないことは多い．図表で用いた略号，記号，線などの意味も説明しないと，読み手は理解できない．
- 思考プロセスを書く：結果から結論へ至る思考のプロセスを，読み手に理解してもらえる言葉で一つひとつ説明する．書き手が得た結論は万人がすべて共通に得られるものではなく，書き手が独自に（都合のよいように）得たものである．他人は素直にその結論に到達しないかもしれないし，違う結論に達するかもしれない．直感だけで得た結論を押しつけるように書いてはいけない．たとえば，次のような書き方はよくない．

結果から結論に至るプロセスを省略した例　悪い例

・図を見ればわかるように，○○○である．

・表に示すとおり，□□□であることがわかった．

図や表にデータを示してあるからそれを見ればわかるはずだ，というのは書き手の勝手な思い込みにすぎない．また，初心者は，自分が出したデータは読み手である研究指導者や上司ならすでに知っているはずだと思い込む場合も多い．報告している研究結果は，その研究者自身が初めて行うものである．著者以外はそのデータもそこから得られる結論も知らない．だから，「図にどのようなデータが示されているのか」，「それがどのようなものであるのか」，「それが何を意味しているのか」を一つひとつ書いて説明しなければならない．もちろん理系文書は簡潔さも重要なファクターであるから，慣れてくればポイントをうまく押さえて簡潔に書いたほうがよいが，最初はていねいに書くように努めたい．

・自分の言葉で：大学での実験レポートの場合，考察課題が設定されることが多い．その場合は，課題について教科書や論文で勉強して解答する．インターネットもツールとして使えるが，コピー&ペーストしてはいけない．必ず，自分の言葉で自分の理解したことを記す．理解しないでコピー&ペーストすると著作権に触れるばかりではなく，勉強していないことを教官に知らせることになり，高い評価は得られない．「どうしてだろう？」「なぜだろう？」と悩む過程が頭脳を発達させる．ドラッグ&クリックしてコピー&ペーストでは労力の無駄である．

③「結果と考察」の書き方の実際例

「結果と考察」は書きにくく，特に初心者には難しい．自分が行った実験や調査が理解されるためには，必要な事項を過不足なく記す必要がある．注意点は上で述べたが，例を示すので，その書き方に慣れてほしい．

以下，11.3 節の「結果と考察」の「物性β」を書くプロセスを順を追って示す．ここではていねいな書き方を示す．初心者はまずていねいな書き方に慣れることを薦める．それをマスターしたら，途中のプロセスを合わせて簡略化するとよい[*4]．

*4　企業ではより簡潔で視覚に訴える書き方も必要である．それは第 17 章で述べる．

・**プロセス1：その実験（測定）を行った目的を書く.** まず，ていねいに書いた例を示す.

実験（測定）を行った目的を書いた例

作製した4試料〔トギコンα，トギコンα(400)，トギコンα(比較)およびトギコンα（比較）(400)〕の耐熱性を調べるために，100℃の加熱条件下で物性βの変化を調べた.

これだと少しくどいかもしれない．試料についてすでに読み手がよく知っている場合は，次の2つの例のように簡略化してもよい.

実験（測定）を行った目的を簡略化して書いた例

(a) 作製した4試料の耐熱性を調べるために，100℃の加熱条件下で物性βの変化を測定した.
(b) 作製した4試料の耐熱性を，加熱下（100℃）で物性βの変化を調べて検討した.

・**プロセス2：目的を達成するためにどんな実験（測定）をしたかを書く.** 2つ例を示す.

行った実験（測定）を書いた例

(a) 試料を100℃で加熱しながら物性βの変化を，30分おきに120分まで測定した.
(b) 試料の物性βを100℃の加熱条件下で120分まで測定した.

目的と実験（測定）を合わせて，以下のように記してもよい．できればこの形がより簡潔で好ましい.

目的と実験(測定)を合わせて書いた例

(a) 作製した4試料の耐熱性を調べるために，100 ℃の加熱条件下で物性 β の変化を120分まで測定した．

(b) 作製した4試料の物性 β を加熱条件下（100 ℃）で120分まで測定し，耐熱性を調べた．

・プロセス3：データがどこに示されているかを示す．実験(測定)して得られたデータを表にまとめ，図に示したら以下のように記す．

データがどこに示されているかを書いた例

物性 β の変化を表2および図6に示す．

・プロセス4：データを説明する．データがどんな内容かを記す．複雑な図表の場合は，その図表の構成をまず説明する．次いで，図表の内容について記す．書く本人は図表の中身をよく知っているからしばしば省略してしまうが，慣れるまでは内容をていねいに記すよう心がける．初心者が十分と思っても読み手にとっては少なすぎることが多い．

事例はデータを表と図にまとめているので，以下のように記述できる．

図表でデータを示した場合のデータの説明例

物性 β の加熱下での変化は，測定開始前を100とした相対値である．各試料の結果は一次近似線で近似されるので，物性 β は加熱により直線的に低下することがわかった．120分後の物性 β は，トギコン α (400)が最も高く，次いでトギコン α ＞トギコン α (比較)(400)＞トギコン α (比較)の順に低くなることがわかった．

データを図のみで示した場合は，数値データを本文中で述べる．

数値データを本文で示した例

物性 β の加熱下での変化は，測定開始前を 100 とした相対値である．各試料の結果は一次近似線で近似されるので，物性 β は加熱により直線的に低下することがわかった．120 分後の物性 β は，トギコン α(400)では 88，トギコン α のそれは 78，トギコン α(比較)(400)だと 70 でありトギコン α(比較)では 62 であった．したがって，トギコン α (400) が物性 β の変化が最も小さく，それに次いでトギコン α > トギコン α (比較)(400) > トギコン α (比較) の順に物性 β は低くなることがわかった．

・プロセス５：データを解釈する．データをどのように解釈したのかを述べる．引用文献があるのなら，それを引用しながら述べる．

データの解釈を述べた例

新規プロセスで作製したトギコン α およびトギコン α (400) が，加熱下での物性 β の変化が小さいことがわかった．作製プロセスを変えることによって加熱下での物性 β の変化が小さくなることは，類似化合物カリトス σ [1)]でも見られず，本研究で初めて見いだされた．

・プロセス６：実験の結論を書く．この実験(測定)で得られた結論を記す．

実験の結論を述べた例

したがって，トギコン α およびトギコン α (400) は，耐熱性に優れており，耐熱性が要求される分野へ応用されることが期待される．

プロセス１～６までをつなげると，11.3 節の実際例のようになる．

11.4.4 「結論」(まとめ)の書き方とポイント

この研究で得られた結論を記す．結論を順番に文章で書いてもよいが，11.3 節の実際例（p.180）のように箇条書きにして，数項目に分けて記載すると読み手は理解しやすい．読み手は多忙な人が多いから，箇条書きのほうがすみやかに理解してもらえる．

11.4.5 「今後の進め方」の書き方と注意点

このあと研究をどのように進めるかを記載する．これも箇条書きにするとわかりやすい．大学の実験科目のレポートや最終報告書ではこの項目は不要であるが，ほとんどの研究は継続するものであるから，「今後の進め方」を記すとよい．進め方は報告者自身の考えでよいが，事前に研究指導者や上司と相談して同意を得たことを記すとよい．11.3 節の実際例（p.181）を見てほしい．

11.5 引用文献の書き方

本文中で文献を引用するときは，該当する箇所に，文献番号を上付きで記したり，文献情報を括弧で記したりする．引用番号は文献を引用する順序に追い番で付ける．

本文中に文献番号や文献情報を入れた例

・トギコン α の有機溶媒を用いた作製法は安藤が報告している[4)]．
・トギコン α の有機溶媒を用いた作製法(Nishide 1992)がある．

引用文献は，番号順やアルファベット順にリストにし，「今後の進め方」の後にまとめて記す．おおむね下記のような内容が必要になるが，記載形式は，一般的な学術論文誌の体裁や所属機関の慣例に準じる[*5]．日本語文

*5 学会などから学術論文誌が出版されている．書き手が学会に所属しているなら，その基準に従う．所属機関で文献の記載法が決められているなら，それに従う．

献は日本語で記し，外国語文献はその言語で記されたとおりに記す．

引用文献リストに必要な情報

著者名，論文名，書名・雑誌名，巻，出版社，発行年，ページ番号

引用文献記載例

4) 安藤郁雄，○○研究の新局面と展望，**No.12**，理工出版，(2014) pp. 25-36.

Nishide , T. *et al.*, *J. Ceram. Soc. Jpn.*, **100**, (1992) pp.1122-1125.

雑誌名はイタリック体にし，巻番号は太字にすることが多い．アルファベット順のリストにする場合，名前の姓を先に書き，コンマを付して名を書く (Nishide, T.)．または，名の頭文字を書いてピリオドを打ち，姓を書いてもよい(T. Nishide)．

教科書や論文で勉強したのなら，それも引用文献に挙げる．インターネットから引用する場合も引用元のURLを載せておく．

11.6 「概要」の書き方と注意点

レポートには「概要」を付ける[*6]．「概要」は，重要な事項と結論を簡潔にまとめたもので，報告書のエッセンスが詰まっている報告書の顔である．読み手(大学なら教官，企業なら上司など)が，本文を読まなくてもレポートの内容を把握できるように記載する．「概要」は報告書の最初，つまり表紙の後ろで「緒言」の前に置き，枠で囲んでおくとよい．

11.6.1 概要に盛り込む内容と字数

作成するレポートの種類とその位置づけによりいくつかの種類に分かれ

*6 概要を要求されていないレポートもある．その場合は付けなくてよい．

る．レポートのスタイルが決まっている場合，文字数に制限があることが多いので，それを遵守する．

① 概要スタイル A：目的・目標，重要な事項と結論を記し，500 ～ 800 文字で書くケース

1．**目的または目標：**最初に，レポートに記載されている研究の目的または目標を記す．どちらかでよい場合が多い．
2．**重要事項：**次に報告書内の重要な事項を記す．どのような実験や調査などを行ったのか，どのようなプロセスでどのような結果が得られたのかを記す．このとき，重要なデータは必ず記す．データを記すと，具体的になり報告書の重要性を読み手が理解しやすい．
3．**結論：**次いで結論を記す．結論は箇条書きでもよいが，文章のほうが体裁を整えやすい．

結論を，目的・目標の次に置いてもよい．その場合，次に重要な事項を書くのだが，その記述には筆力を要する．企業ではその書き方が求められる．

② 概要スタイル B：目的・目標，重要な事項と結論を記し，300 ～ 500 文字で書くケース

①と同様の内容を含むが，文字数が少ないので記述する内容を厳選し，簡潔に書かざるを得ない．目的・目標と結論は文字数を考慮しつつも，伝えたいことを必ず盛り込む．筆力が必要だが腕の見せどころでもある．「字数が少ないのでうまく書けなかった」という言いわけは通用しない．

③ 概要スタイル C：結論のみ記すもので，約 100 文字で書く

研究の目的・目標を記し，得られた結論のみを簡潔に書く．結論をすべてていねいに書くと 100 文字を超える場合は，簡潔にまとめて記す．ただし，かなりのボリュームがあるレポートの概要には，このような少ない文字数の概要は採用しないほうがよい．

ほとんどの概要は①か②である．言葉を尽くして書くことに努めるが，だらだらとは書かない．概要はレポートのエッセンスである．簡潔にリズミカルに書くと，読み手もスムーズに読め，全体像をつかみやすくなる．

11.6.2　概要の実際例

この例は，目的，結論および重要な実験事実の順で記載されており，文字数は408文字である．

「概要」の例

耐熱性に優れた新規機能性材料として応用することを目的として，新規水溶液プロセスによりトギコンαを作製し，その結晶構造と物性βを調べた．原材料ザクロスAを用いて，水酸化物を経由するプロセスによりトギコンαを作製した．新規プロセスによるトギコンαおよびそれを400℃/1h焼成したトギコンα(400)の結晶構造は，両試料ともAAA型であった．それに対して，従来プロセスで作製したトギコンα(比較)はアモルファスであった．400℃/1h焼成したトギコンα(比較)(400)はAAA型であるが結晶性は新規開発試料より劣った．上記試料を100℃の加熱条件下で物性βの変化を測定した．トギコンα(400)はその変化が最も小さく，次いでトギコンαのそれが小さかった．一方，比較の2試料の変化は大きい．このことはトギコンα，特にトギコンα(400)の耐熱性が良好であることを示している．今後，耐熱性に優れた機能性材料として応用したい．

11.7　表紙の書き方と注意点

レポートには表紙をつける．表紙には以下のことを記す．

表題：研究テーマ(大学での実験レポートの場合は不要)

　　レポート題名
所属と氏名：報告者の所属と氏名

表題(研究テーマとレポート題名)には，必ず主題(トピックス)と目的を記す．これはレポートのみならず論文などすべての文書の表題を書くときの鉄則である．主題とはレポートで取り上げた対象であり，目的とはレポートで明らかにしたいことである．つまり，表題とは，「何について」(主題)，「何を明らかにしたのか」(目的)をコンパクトに書いたものといえる．

下の例では，「新規プロセスによるトギコンα」が主題であり，「作製と機能性材料への応用」が目的である．

表題例

(a) 新規プロセスによるトギコンαの作製と機能性材料への応用
9 月度月度報告書　新規水溶液プロセスによるトギコンαの作製と構造および物性解析

(b) 新規プロセスによるトギコンαの作製と機能性材料への応用
第 3 報　新規水溶液プロセスによるトギコンαの作製，構造および物性解析

月度報告書の場合は，研究テーマ名の後に月度を記す．経過報告書なら何番目のレポートかを記す．大学の実験レポートではレポート題名のみでよい．教官から表題が指示されたときはそれに従う．

所属と氏名は，次のように書く．

所属・氏名例

(a) △△大学△△学部△△研究室　小野聡子
(b) ○○学科 3 年　○番　小野聡子
(c) 開発研究所□□開発研究グループ　小野聡子

11.8 調査レポート，シミュレーションレポートの構成と書き方

調査やシミュレーションのレポートも，実験レポートの書き方に準じれば書ける．とはいえ違う点もあるので，以下にその書き方を述べる．

① 表題

何について(主題)，どのような調査やシミュレーション(目的)をしたのかを簡潔に記す．

調査レポートとシミュレーションレポートの表題例

・トギコンαの合成法および物性(主題)に関する文献調査(目的)
・脂質AAへのアルキル基導入による構造変化と安定化（主題）のシミュレーションによる解析(目的)

② 緒言

調査やシミュレーションに関する背景として，それらに至る経緯，その前提条件やそれらを行うことになった要因などを記す．次いで，何について何のために調査やシミュレーションを行ったかという目的を記す．

調査レポートとシミュレーションレポートの緒言例

(背景)われわれはトギコンαの研究を行う予定である．その合成法と物性には何らかの関係があるとの情報は得ているが，十分な知見を有していない．(目的)そこで，それらについての文献情報を調査し，合成法と物性の関係を求めた．

③ 調査・シミュレーション方法

どのような方法で調査やシミュレーションを行ったのかを記す．

*7 物質科学分野の論文や特許情報の検索システム．化学情報協会（JAICI）が提供．キーワード，化学構造や研究者名から検索でき，部分構造や反応も検索できる．

・SciFinder[*7]で過去10年間の文献を調査した．調査のキーワードを「トギコンα」，「物性β」および「結晶系AAA型」とした．
・脂質AAの構造はX線結晶構造解析結果を用い，解析ソフトXYZで分子内相互作用を解析した．その条件は□□□である．

④ 調査やシミュレーション結果

調査やシミュレーションした結果を記す．実験レポートと同様に，図表にまとめ視覚的にわかるようにする．本文も重要なものから順に述べる．

調査結果を表にまとめた例（本文は省略）

合成法	文献数 括弧内は調査 対象文献数	物性β （単位：XX）	コメント
有機溶媒法A	20（15）	20-50	最も多くの合成例がある．物性βも良好である．
有機溶媒法B	12（5）	5-13	合成例は上のものより少ない．物性β値が低い．
水溶液プロセス	0	—	文献例なし．

⑤ 結論（まとめ）

実施したことから得られた結論を記す．箇条書きにするとわかりやすい．

調査レポートとシミュレーションレポートの結論例

1）トギコンαの合成法は有機溶媒法Aが最も多い．この方法で作製されたものの物性βは20-50 XXであり，良好である．
2）トギコンαは水溶液プロセスでは合成されていない．これに成功するとこの研究分野に対するインパクトは大きいだろう．なお，物性βの目標値は50 XXとしたい．

コラム その11

目的と目標

目的と目標はしばしば混同して用いられるが，これらは異なるものである．

目的：研究が最終的にめざすことを言葉で表現したもの

科学的な研究なら，目的は「解明したいことがら」であり，工学的な研究だと「何のためにモノやシステムを創ろうとしているか」を明示した文章である．つまり，「その研究を行って明らかにしたいこと，解決したいことや創り上げたいこと」である．

目標：「目的を達成するために成し遂げたい具体的なことがら」を記した文章

ある一定期間における「具体的に成し遂げたいことがら」も目標のひとつである．目標は確実に達成したいので，できるだけ具体的に記述し，数値化して数値目標とする．

レポートが研究の途中経過を報告するのなら，研究の目的と実施期間中の目標の両者を記す．研究や実験の最終報告書なら，研究全体の目的と目標を記す．大学での実験科目のレポートの場合は，多くの場合，目的が提示される．提示されなかったときは，実験内容から考えて記す．

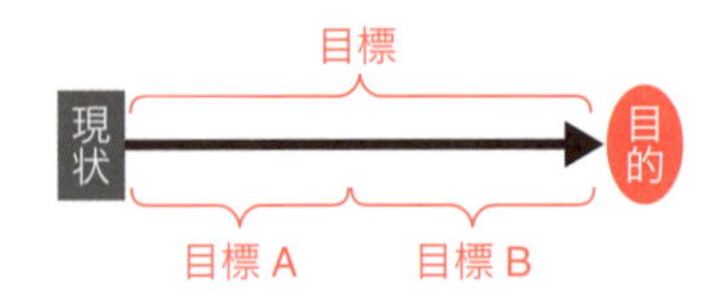

第12章

卒業研究論文の書き方

12.1 なぜ論文を書くのか

ある目的をかかげて実験やシミュレーションを繰り返し，目的が達成されたとき研究は完成に近づく．それをこれまで述べた理系文を書くルールと構成に則って，論文に仕上げるとその研究は完了する．論文を作成することにより，ようやくその研究成果を関係者のみならず，多くの人に伝えることができる．

本章では，多くの理系人が最初に書く論文である卒業研究論文(卒論)を取り上げ，その構成と書き方について述べる．ここでの書き方は，修士・博士学位論文，企業・研究機関の正式な社内・所内研究報告書[*1]などの論文にも活用できる．投稿論文については第16章で取り上げる．

12.2 卒論の基本構成を知ろう

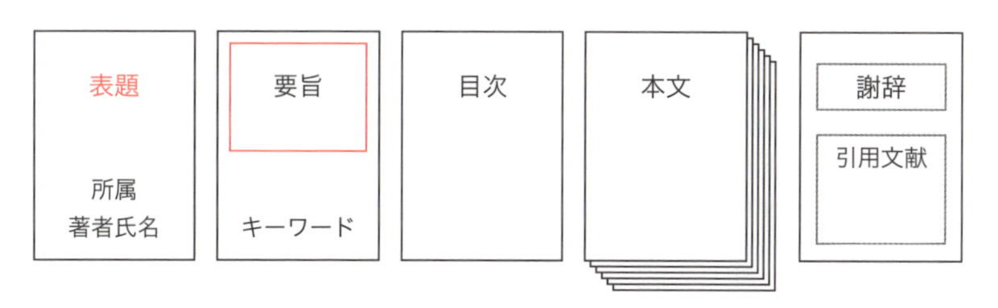

図12.1　卒論の構成イメージ

*1　部内にのみ保管される研究レポートとは異なり，所内・社内の管理部門で保管される．

卒論の基本構成

表紙　（表題，著者の所属，著者氏名）

要旨

キーワード

目次

本文　**第１章　緒言**（研究の背景，研究の目的）

第２章　実験（試料の作製, 測定）／**調査**（調査方法）／**シミュレーション**（計算方法）

第３章　結果と考察

第４章　結論

謝辞

引用文献

卒論は卒業研究（卒研）の成果を論文にまとめるもので，一般的スタイルは上のようになる（図12.1）．「結果」と「考察」を分けてもよい．その場合，「第3章　結果」，「第4章　考察」，「第5章　結論」になる．基本は第11章で述べたレポートと同じだが，レポートよりも大部になるので，「要旨」や「目次」を書く．「キーワード」や「謝辞」も付けることが多い．以下，第11章のレポートとの違いを中心に各項目の内容を解説していく．

12.2.1　章・節・小節・細目立て

章のなかに以下のように番号などを付し，節や小節や細目を立てる．

1. 大見出し（章）　または　**第１章　大見出し**

1.1　中見出し（節）

1.1.1　小見出し（小節）　または　**1）小見出し**（小節）

①細目　または　**・細目**　　※細目は必要に応じて立てる

章・節・小節・細目立て例1

1. 緒言
1.1 本研究の背景
1.1.1 材料トギコンαの構造と物性
①トギコンαの結晶系

章・節・小節・細目立て例2

第3章 結果と考察
3.1 試料の構造
1)試料の結晶構造
①トギコンαの結晶構造

12.2.2 表紙

表紙には卒論の「表題」,「著者の所属」および「著者氏名」を記す.

卒論表紙例

2015年度 卒業研究論文

新規プロセスによる材料トギコンαの作製と機能性材料への応用
〜水溶液プロセスによるトギコンαの合成,構造および物性解析〜

○○大学□□学部◇◇学科△△研究室
小野 聡子

① 表題

「表題」は論文の内容を簡潔に記したものであり,論文の顔と言ってもよい.卒論の場合,「表題」は指導教官から提示されることが多いだろうが,あなたが自分で表題を提案することもある.そのときは以下のようにする.

レポートと同じく,「表題」には必ず主題(トピックス)と目的を盛り込む.下の例では「新規プロセスによる材料トギコンα」が主題であり,「作製と機能性材料への応用」が目的である.読み手にこの論文を読みたいという気持ちにさせる魅力ある表題とし,そのなかに研究の内容をうまく表す.だから,知恵をしぼって考える.短文が望ましいので,長くなるようであれば副題を付ける．

卒論を書く前に卒研発表を行っているなら，卒論題名は卒研発表題名と同じにするとよい．

② 所属，著者

「所属」は，学校名・学部名・学科名・研究室名とする．学校名，学部名と学科名は省略してもよい場合もある．「著者氏名」は，卒研を行った人の名前を書く．

12.2.3 「要旨」

「要旨」は表紙の次ページに置き，卒論で最も伝えたいことを300～1000文字程度で記す．卒研の目的，実験内容，結果と考察の中心部分と，結論を記す．要旨を読んだだけであなたの卒論の重要性やどのような研究なのかを読み手に理解してもらえるように書く．「要旨」は本文を書いた後で十分に吟味しながら力を込めて書く．

12.2.4 「キーワード」

研究の内容を示す言葉である．5個程度の単語で示す．

キーワードの例

トギコンα，水溶液プロセス，物性β，耐熱性，結晶系

12.2.5 目次

「目次」を付けておくと読み手にとって便利である．読みたいところが簡単にわかるからである．各章の中見出し(節)までをページとともに記す．

目次の例

目　次

12.2.6 「第１章　緒言」

「緒言」には「研究の背景」と「研究の目的」を記す．

① 研究の背景

「研究の背景」は，卒研に関する他の研究者の研究成果や，卒研と関連する諸状況などを述べる．研究の目的に至る経過を述べてもよい．特に卒研の目的と密接な関係をもっている先行研究は必ず引用する．具体的には，次のようなことを，文献を引用しながら書く．

1. 卒研はどのような**分野**であるか，その特徴などを記す．
2. **これまでの研究の問題点**，**十分に解明されていないこと**や**まだ研究されていないこと**を記す．これらは卒研の目的に導入できるように，卒研と関連しているものに絞ってもよい．
3. これらの問題点などを解決するために卒研を行った旨を記し，研究の目的へとつなげる．

② 研究の目的

「研究の目的」は卒研で達成すべきことがらである．「卒研で何を明らかにしたいのか」を書く．文章で書いてもよいが，箇条書きにするとわかりやすい．

「研究の目的」例

(a) 本研究の目的は，１）乗用車車体○○の空力特性をいくつかの条件下でシミュレーションすること，２）その条件下で風洞実験を行うこと，および３)両者の結果を比較検討すること，である．

(b) 本研究は，１)スパッター法により多層金属膜 ZZ を作製すること，および２)その電子デバイスへ応用すること，を目的とした．

ここで述べる「目的」は，「実験」，「結果と考察」および「結論」とりンクしていなければならない．目的を達成させるために，実験し，結果が得られ，それについて考察し，結論に到達しているからである．

12.2.7 「第2章　実験」

卒研では多くの場合，試料を作製し，構造を解析したり，反応性を調べたり，物性を測定したりする．その場合，この章では卒研で行った実験を記す．構成は「試料の作製」と「測定」からなることが多い．複数の試料を作製する場合は，それぞれの試料作製に対応させた節を設けてもよい．

「実験」章の節立て例

2.1　試料の作製

2.2　測定

卒研が調査研究の場合もある．そのときこの章は「調査方法」となる．ある物質の構造や物性などをシミュレーションした卒研の場合は「計算方法」となる．

「実験」は，読み手がそのとおりに実験したら，再現実験ができるよう，以下のようなことに注意して記す．

- 使用した試薬は，**正式名称**を記すか，**化学式**を記す．
- **試薬の量**は実験量を正確に書く．
- **有効数字**も吟味して「○○ g」，「○○ mol」や「□□ mL*2」などと記す．必要に応じて「g」と「mol」を併記してもよい．
- **加熱時間**や**放置時間**など時間も正確に記す．できなければ「約○時間」としてもよい．
- これらは必ず**実験ノート**を確認して記す．記載を間違えると，後継者がこの実験をやろうと思ったとき混乱するので，十分に注意する．
- 試料の添加順序や取り扱い方に**工夫やコツ**があればそれも記す．
- 実験器具・装置の**写真や図**を載せ，実験プロセスを**フロー図**にして

*2　容量を示すリットルは，大文字で「L」と記す．「ℓ」や「l」は使わない．

示すと，実験内容がわかりやすいだけでなく追試実験がやりやすい．
・同じ実験を繰り返し行ったのなら，その代表例を記す．ただし，複数回実験することに意味があった（繰り返し特性を調べるなど）場合は，行った実験をすべて記す．

「試料の作製」例

試薬 A（試薬メーカー A）26.0 g（0.124mol）を 99.5% エタノール 220 mL に溶解した．この溶液に試薬 B（試薬メーカー B）0.61 g（2.48 $\times 10^{-3}$ mol）を添加し，試薬 C（試薬メーカー A）4.52 g（0.251 mol）と 2 wt% HNO_3（試薬メーカー B）3.44 g の混合溶液を，室温で撹拌しながらゆっくり加えた．その後，60 ℃で 60 分加熱環流して，反応液 α を作製した．

「測定」の項目では，用いた機器の正式名称を記し，型番とメーカー名も記す．これらに略号を使用したいのなら，最初に出てくるところで必ず正式名称を記し，(　)内に略号を記す．必要なら機器の測定条件も記す．

「測定」例

試料の結晶構造は，X 線回折（XRD）装置（型番○○○○○，△△△社製）により CuKα 線を用いて測定した．

図表の入れ方はレポートと同じく次の 3 種類のうちどれかを選択する．
(a) 各章の後ろに，表を番号順に並べ，次いで図を番号順に並べる．
(b) 本文の後ろに，表を番号順に並べ，次いで図を番号順に並べる．
(c) 本文の該当するところに，表と図を番号順に挿入する．

調査研究の場合は，具体的な調査方法と調査範囲を記す．どのような手法で調査したのか，どの範囲を調査したのか，などである．

シミュレーション研究だと，シミュレーション条件，使用したソフトの名称・バージョン，コンピュータの機種・性能・OS なども記す．

実験と同じく，読み手が再現できるように書くことがポイントである．

12.2.8 「第3章　結果と考察」

実験によって得られた結果を順番に記し，それについての考察を書く．「結果と考察」の具体的な書き方は第11章に記したが，書く内容をあらためてまとめておく．

- **何を明らか**にしようとして，**何を調べた**のか．
- その結果は**どこに示したか**．図や表なら，それぞれに順番に番号をつけて，「図○，表○に示す」と記す．
- その結果は**何を示している**か，そこから**得られる結論**は何か．この結論は，目的と合致していなければならない．このとき，他の研究者や他の研究結果と比較しながら，研究成果の位置づけを引き立たせる．

これをそれぞれの結果ごとに繰り返す．調査研究では調査結果を図表にまとめることは特に重要である．それに加えて，シミュレーション研究だと対象物の構造の図や，化学物質だと電子状態図なども重要である．

書く項目の並べ方は，試料を作製して構造と性質(物性)を調べたのなら，一般的には「試料の状態」→「試料の構造解析」→「試料の物性」である．調査やシミュレーションの研究なら，「調査結果」や「シミュレーション結果」を述べる．

文章の時制は以下のとおりとする．表や図の説明，考察や文献の引用は現在形とする．これは，表や図を読み手と一緒に見ながら説明するという感覚だからだ．文献の内容は真実と認識されているから現在形で記す．それに対して，実験事実は過去形で記す．過去に行った事実だからだ．しかし，日本語は時制があいまいだから，この原則から外れることもある．時制の詳細については第4章(p.55)に記したので参照してほしい．

この章を書く手順は以下のとおりである．

① データを表と図にまとめる

行った実験で得られたデータを表および図にまとめて示す．図だけでなく表も添付すると，後でその実験を行うときにデータを検証できるので便利である．そして，表や図を読者と同時に見ているつもりで，表や図を示しながらデータを記述し，その意味やわかったことを述べる．取り上げたすべてのデータについてこの作業を行う．

② 考察する

結果を他の研究者のそれと比較して考察したことを記す．研究室の先輩や同僚の結果も考察の対象であるから，その人たちのデータもよく調べ，文献やデータを引用しながら結果について考察していく．

考察は卒論の重要なところである．これまで勉強したことや，自分の出したデータをよく吟味し，よく考えて考察する．考察したことから本研究の結論も見えてくるし，考察が十分にできれば充実した達成感が得られる．

初心者は，「結果と考察」を書くのが苦手のようだ．結果についての考察はすでに終わっているから，書き手としては，結果(データ)を見れば瞬時に結論が出て，それをすぐに書きたい気持ちになるようだ．しかし，読み手にとってそのデータは初めて見るものだ．だから，どのようなプロセスでどのような論理で考察したかを一つひとつ書かないと，結論に至る経過と結論そのものを理解できない．「結果と考察」を書き始める前に，もう一度，第 11 章の「結果と考察」の書き方を熟読しよう．

12.2.9　「第 4 章　結論」

卒論の結論を記す．このとき，研究の目的や実験したことを合わせて簡潔に記すと，読み手は理解しやすい．書き方はレポートに準ずるが，それよりも詳しく述べる．それぞれの実験目的を記し，データを示しながら，結論を述べる．文章で書いても箇条書きで書いてもよい．

「結論」の例

① 原材料ザクロスAを用いて，水酸化物を経由する新規水溶液プロセスによりトギコンαおよびそれを400℃で焼成してトギコンα(400)を作製した．また，従来処方で，比較試料トギコンα(比較)とそれを400℃で焼成したトギコンα(比較)(400)を作製した．

② 作製した4試料の物性βを100℃の加熱条件下で120分まで測定して，耐熱性を評価した．物性βは加熱により直線的に低下することがわかった．120分後，物性βの値は，トギコンα (400) ＞トギコンα＞トギコンα(比較)(400)＞トギコンα(比較)の順に低くなった．新規プロセスで作製したトギコンα(400)およびトギコンαは，加熱による物性βの変化が小さいことがわかった．

③ したがって，トギコンα(400)およびトギコンαは，耐熱性に優れており，高耐熱性材料として応用できると考えられる．

12.2.10　「謝辞」，「引用文献」，「補遺」

① 謝辞

指導教官，試料の測定や一緒に議論をしていただいた人に謝辞を述べる．研究費や補助金を受けて行った研究なら，その提供元に感謝する．最後に保護者に感謝するとよい．これまであなたを支えてくれたからである．

「謝辞」の例

- 本研究の遂行および本論文の執筆にあたり，ご指導賜りました指導教官○○○○教授に心より感謝いたします．
- 本研究はJSPS科研費××××××（課題番号）の助成を受けました．

※これは文部科学省科研費の謝辞例

- 本研究は財団法人□□□□の研究助成金○○○○の助成を受けて実施されました．

② 引用文献

第 11 章(p.189)で述べたレポートの場合に準じて書く.

③ 補遺

数式などについて，補足したいことがあればここに記す．それらがなければ補遺は不要である.

12.3 卒論作成の手順を知ろう

1. 卒論に書くデータを集める.
2. データ群を論文のスタイルに合わせて並べる.
3. 執筆する.

卒論は上記の手順で作成する. 以下, それぞれのやり方について説明する.

12.3.1 卒論に書くデータを集める

卒論では多くのデータを得ている．このなかから卒論に記載するデータを選別する．卒論を書く前にすでに卒研発表会を行っているケースも多いだろう．その場合は，発表用の PPT 資料を作成する過程で，データの選択と重要性の判断は終了している．しかし，発表時間は短いので，重要なデータが時間配分の観点から削除されているケースも多い．卒論は卒研で行ったことすべてを書くので，PPT のみでは不足するはずだ．また，月度や一定期間ごとに進捗報告を提出しているときはその報告書も使う.

図 12.2 に PPT 資料や月度報告書などからデータを選択するやり方を示し，各過程を解説する．この作業がすでに終わっていても，もう一度データを見直すとよい．大事なデータを見落としていることもある.

① 資料を集める

まずは資料を集める. 卒研発表の PPT データがあるなら印刷して並べる.

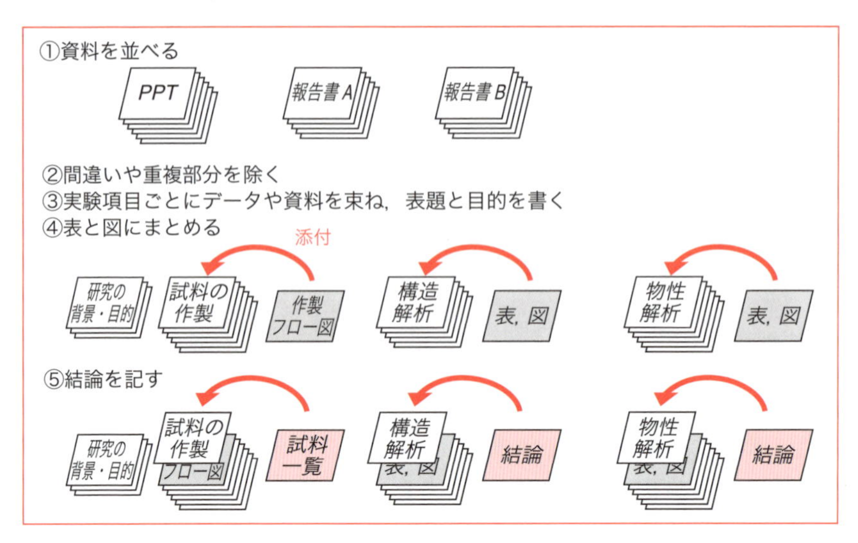

図 12.2　データ収集プロセス

月度報告書があるなら，それを並べる．どちらもないなら，実験データをすべて並べる．並べるときは，最初に研究の背景と目的が書かれたスライドや文章を置き，続けてデータ(実験内容や解析結果など)を並べる．

② 間違いや重複部分を除く

実験を間違えたり，同じ実験を繰り返し行ったりしたこともあっただろう．それらを取り除く．ただし，再現実験や繰り返し実験を行うことに意味があるなら，それは除かない．

③ 実験項目ごとにデータや資料を束ねる

研究では多岐にわたる実験を行ったはずだ．それらの実験項目ごとに，データや資料を束ねる．それぞれをひとまとめにして，その実験を示す「表題」(「試料の作製」「構造解析 (1)」など) と実験の「目的」を書いて束に乗せる．これが卒論のデータ群となり，「表題･目的」「データ」からなる．

④ データを図表(グラフ)にまとめる

卒論を書く段階までに，すでにデータを図表にまとめているなら，それを使う．図表にまとめていないデータがあれば，ここでまとめる．そして，それを各データ群の「データ」の上に置く．

⑤ データから得られた結論を記す

それぞれのデータ(表・図)から得られる「結論」を記す．実験では「作製試料一覧」など，構造解析だと「決定された構造」などがそれに相当する．「調査やシミュレーション結果のまとめ」もこれに該当する．箇条書きで書くと後で便利である．それを「表・図」の上に乗せる．これで，各データ群は，「表題・目的」「結論」「表・図」「データ」という構成になる．

12.3.2 データ群を論文のスタイルに合わせて並べる

この作業は下記の順序で行う．概念図を図 12.3 に示す．

① データ群を卒論のスタイルに合わせて並べる

先に述べた卒論の構成に合わせてデータ群を並べる．これで書く材料が揃う．

② 目的を達成したのはどれかを選ぶ

卒研ではある目的を達成するために努力する．目的を達成したデータ群をマーキングする．未達の目的があってもそれはかまわない．達成のために努力することが卒研では重要だからである．

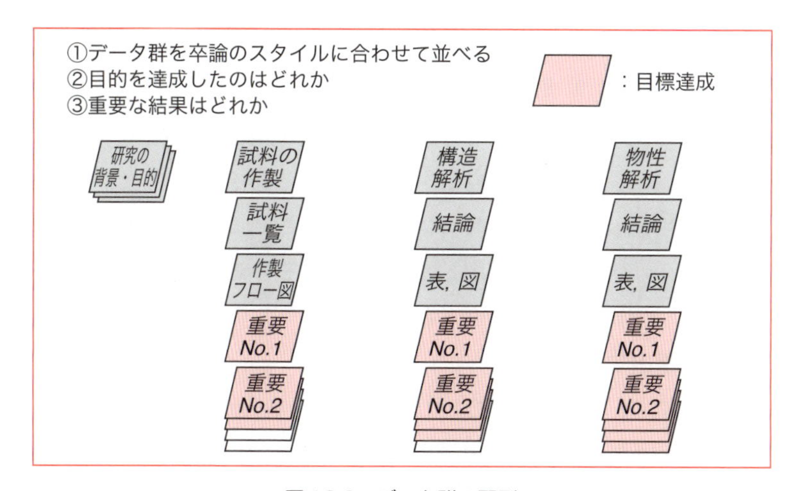

図 12.3 データ群の配列

③ 重要な結果はどれか，順位づけする

次に，最も重要な結果をNo.1とし，データ群に重要性の順位をつける．これはあまり厳密でなくてよい．No.2が複数あってもかまわない．上位の結果には多くのページをさいて議論すべきなので，その目安を立てたいのだ．

12.3.3 執筆する

① 第一次草稿

第一次草稿を書く．理系文作成の基本を守って草稿を書く．このとき，物語を語るという感覚で書く．つまり，目的をかかげ，それを達成するために実験し，得られた結果(データ)を考察し，結論を得る，という一連のストーリーを，あなたは構築したのだ．それが読み手に伝わるように書く．

推敲して再度改訂すると第一次草稿ができあがる．

② 指導教官の添削を受ける

草稿を教官に提出して添削していただく．多くの場合，赤ペンが多数入った草稿が返ってくるだろう．それでめげてはいけない．あなたはまだ理系文の初心者で卒研のようなまとまった論文を執筆するのは初めてなのだ．初心者が第一稿からすばらしい文書を書けるわけではない．

③ 改訂稿を書く

指摘された箇所を参考に，もう一度最初から考え直して書き直し，推敲する．あなたは気づかないかもしれないが，この段階でかなり文章作成技術は上達している．少しだけ自信をもって書く．再度提出して添削を受ける．書き方や議論の進め方を教官に教えてもらうと改訂はスムーズにいくだろう．何回か書き直して添削してもらうと，そのたびによくなっていき，読み応えのあるすばらしい論文となる．

④ 完成稿を提出する

完成稿を書き上げてすぐに提出しない．ひと晩寝かして，翌日もう一度見直す．意外にタイプミスや未訂正箇所があるものだ．それらのない完成稿を提出する．できれば製本もしておきたい．

12.4 もうひとつの章立て

卒論には，以下に示すもうひとつの章立てがある．この論文構成では，本文に，「事項A」「事項B」というように複数の項目が立つ．そして，事項ごとに「背景・目的」，「実験」，「結果と考察」および「まとめ」がある．

この構成は修士・博士学位論文に適切なものであるが，卒論で採用してもよい．複数の事項について研究したときはこの章立てが書きやすい．たとえば，材料トギコンαを作製し構造解析して耐熱部材としての応用研究を行ったのなら，「第2章　材料トギコンαの作製と構造解析」，「第3章　トギコンαの耐熱部材ZZとしての構成と物性」となる．

表紙（表題，所属，著者名）
要旨
キーワード
目次
本文　**第1章　緒言**（研究の背景，研究の目的）
第2章　事項A
2.1　研究の背景・目的
2.2　実験
2.3　結果と考察
2.4　まとめ
第3章　事項B
3.1　研究の背景・目的
3.2　実験
3.3　結果と考察
3.4　まとめ
第4章　結論
謝辞
引用文献

コラム　その 12

卒論とレポートの違い

卒論は卒業研究をまとめたものだ．それはあなたが初めて科学技術の研究を行い，得られた成果である．研究の初心者にとっては最初に取り組む本格的な研究論文である．力を込めて書こう．

卒論は前章で述べたレポートより大部であり，スタイルも異なるところがある．卒論は長期間(1 年近く)にわたる卒業研究(卒研)をまとめたものである．卒研ではある目的をかかげ，それを達成するためにいろいろな実験，調査やシミュレーションを行い，試行錯誤や紆余曲折を経て，研究成果を得る．それはひとつのストーリー（物語）である．だから，卒論の内容にはそれが反映され，規模も大きくなる．

卒論をまとめるにあたり，これまで勉強したことや調べたことをもう一度復習し，さらに必要なら新しいことを学び直したり文献を調べたりする必要もある．これまでに経験したことのない体験であろう．

なお，卒論は多くの場合，30 〜 100 ページぐらいの分量になるだろう．それを製本するとよい．見ばえがよいだけでなく，せっかくの研究成果がバラバラにならず後々まで残るので，生涯にわたっての記念になる．ぜひ製本しておこう．

• 応用編 •

いろいろな場面で作成する理系文書の書き方

第13章

発表予稿

13.1 なぜ発表予稿が必要なのか

研究を続けると興味深い結果が得られる．それが学術的あるいは企業として価値があるものだと，どこかで発表して社会にアピールしたくなる．

研究成果を発表する場は各種あるが，大学の公式な発表会としては，卒業研究発表会，修士学位論文・博士学位論文発表会がある．学位を取得するためには，必ずこのような場で発表しなければならない．また，社会では，学協会（日本化学会など）が開催する学会がある．大きな学会は主に春と秋に開催される．そのほかに各種シンポジウムや支部発表会なども催される．さらに，企業内や研究機関内の研究発表会もある．これは企業や研究機関の研究者・技術者が，研究成果を，経営者や管理者に報告すると同時にアピールする場でもある．このような場で発表する機会を与えられたら，喜んで発表してほしい．

発表会前には，講演予稿（要旨）集が作成され，参加者に配布される．最近ではDVDやウェブ上で見る形式も多い．予稿（要旨）集には，発表者が，どんな研究を，どのような目的で，どう行い，どんな研究成果が得られたのかが簡潔に書かれている．予稿は，発表を聴きに行く人たちが，事前に内容を理解したり，参加先を決めたりするために必要なものである．

13.2 予稿はこんな構成になる

13.2.1 予稿に書くこと

予稿は一般的にはA4用紙1/2～2枚程度に記載される．予稿には，以下のことがらが盛り込まれる．

① **研究の目的**：何のためにその研究を行ったか
② **実験・調査・シミュレーションなど**：目的を達成するために行った実験・調査・シミュレーションなど
③ **結果と考察**：どのような結果だったか，その結果から何がわかったか

これらはお互いにリンクし，ひとつの論理でつながっていなければならない．「実験」「調査」「シミュレーション」は研究の目的を達成するために行ったものであり，「結果と考察」は実験結果などについて記され，それは「目的」を受けていなければならない．

13.2.2　予稿のスタイル

予稿のスタイルは発表会の主催者から提示される．その例を図13.1に示す．予稿は表題，所属・発表者氏名，英文要旨，本文，図表，引用文献，謝辞からなる．英文要旨は不要のケースもある．

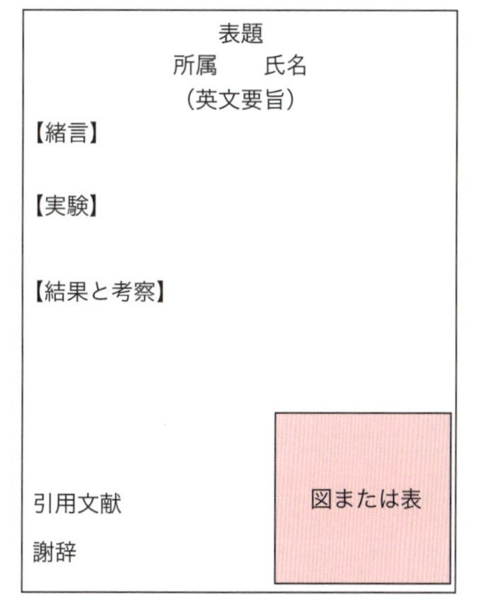

図 13.1　予稿のスタイル例

本文の内容，余白（マージン），フォントの種類・大きさなどは指定される．本文を1段組にするか2段組にするかも指定される．多くの場合，主催者からスタイルがテンプレート（ひな形）として提供されるので，それを使用するのがよい．あなたが書く予稿のスタイルが提示されたものと異なっていると，指定されたスタイルを理解していないと思われ，悪い意味でめだってしまう．

① 表題，所属，氏名

表題は研究発表の題名であり，レポート・卒論と同じように主題と目的を含むようにする．氏名は，その研究を行った研究者全員を書き，発表者に○印をつける．

② 英文要旨

学会発表だと一般的には英文要旨を要求される．学内や社内の発表ではこの項目はないことが多い．

③ 謝辞，引用文献

実験データを提供していただいた人がいれば，謝辞としてここに記して感謝する．また，外部機関から研究助成をいただいた場合も，ここに記して感謝する．引用文献は，要旨を記載するのに使用した文献を記す．

13.2.3　本文の内容

① 緒言

「研究の背景」と「研究の目的」からなる．「背景」は本研究のバックグラウンドや本研究に関連してすでに知られていることを記す．「目的」には，何を目的として研究を行ったかを数行で記す．これは，「結果と考察」と対になっていなければならない．

② 実験・調査・シミュレーションなど

目的を達成するために行った実験・調査・シミュレーションなどの事実を記す．特に，次の「結果と考察」の内容を導き出す重要な事実を記す．事実は定量的に表す．たとえば，実験なら「使用した試薬は○○ g，○○ mL，○○ mol」などというように具体的な数値を必ず記し，測定を記す場合も「試料の耐熱性を 100 ℃で測定した」というように測定に関する数値を記す．調査の場合では調査方法と調査範囲を具体的に記す．シミュレーションでは計算方法やソフトなども記す．

③ 結果と考察

研究で得られた多岐にわたる結果のなかから，予稿では，発表会で一番伝えたい重要な研究結果を記載し，考察する．重要な結果を 1 つの図または表にまとめて示し，その図表をもとに，どんな解析をしたか，その結果から何がわかったか，そして言えることは何かを記すとよい．

結論に十分自信があるのなら結論を記してもよい．しかし，仮説，推測や根拠の薄い判断などは記さないほうがよい．なぜなら，後日それらが変わる可能性があり，発表時に訂正しなければならなくなるからである．

④ 図表

図表は，読み手がパッと見てわかるように，横軸・縦軸の数値やタイトル，データ点やデータの名称を明確に大きく記す．データ線も太くする．また，図表には，必ずキャプション(表題)を付ける．キャプションは図表の内容を的確に示すものとし，大きく記す．

13.3 予稿の書き方のコツ

13.3.1 予稿を書く手順

1. **研究表題**，**所属**，**発表者**を書く．
2. **研究の目的**を書く．
3. 目的を最も達成した結果またはそれに一番近い結果を決め，**1～2 枚の図表**にまとめる．それが，最も発表したいことがらである．
4. 上の結果を生み出した**実験(調査・シミュレーション)事実**を書く．
5. 図や表を示しながら，**結果**を記し，その**考察**を書く．
6. 必要なら**謝辞**と**引用文献**を記す．
7. **緒言**(本研究の背景，関連事項など)を書き，文体を整える．
8. **推敲**する．このとき，書いてすぐではなく，ひと晩寝かして次の日に見直すとよい．
9. 第三者(先輩・上司など)に**査読**してもらう．有益な助言が得られる．それにもとづき改訂する．
10. 全体が統一されているか，もう一度確認する．

13.3.2 予稿の書き方のコツ

① 予稿の書式を整える

主催者指定の予稿テンプレートをダウンロードする．多くの場合，予稿テンプレートが主催者から電子ファイルで提供される[*1]．電子ファイルがない場合は，主催者の指定する書式で予稿のテンプレートを作成する．

② 研究成果をまとめる

いきなり書き出さない．まず，これまでの研究成果をまとめて，1～2枚の図や表にする．そのやり方は次のとおりである．

まず，これまでの研究に関するレポート類を並べる[*2]．それがない場合には，実験ノートとデータを並べる．これらをよく見て，研究目的を達成した成果を拾い上げ，データや結果をできるだけ図や表にまとめていく．何枚でもよい．このとき，成果に結びつかなかった結果（いわゆる失敗実験[*3]）は取り上げない．また，再現性やデータの確認などで複数回実験を行った場合は代表的な結果のみを取り上げる．次に，得られた図表を重要性の高いものから並べる．ひとまとめにできるものはまとめてよい．さらに，これらから最も重要と判断されるものを選択し，1～2枚の図表に集大成する．それが，その時点において最も言いたいこと，つまり研究成果の核心部分となるキーポイントである．

要旨提出までに時間があって，さらに結果が出る予定なら，そのところは空欄としておく．そうでないなら，予稿では触れないのが賢明である．

③ 魅力的な表題を作成する

読む人に，この発表(講演)を聞いてみようという気持ちにさせる魅力ある表題とする．インパクトがあるものがよい(やりすぎてもいけないが)．短い文章で研究の内容をうまく表さねばならない．そのために，表題には主題(トピックス)と目的を盛り込む．長くなるなら副題をつけてもよい．

---

*1 主催者のホームページに掲載されていることが多い．

*2 月度ごとに，研究成果をまとめておくとこのような場合に有効である．月度報告会ではPPTのみならずレポートを書く習慣を，個人や組織でつけておくとよい．

*3 失敗実験はないと筆者は考える．エジソンは言う．「私は失敗はしていない．これではうまくいかないという発見を1万回したのだ」．至言と思う．

表題例 1

新規水溶液プロセスによるトギコンαの作製，構造および物性解析

表題例 2

昆虫の歩行をモデルとした危険地域走行用ロボットの開発

なお，学会発表では，英文併記を要求されることが多い．

④ 予稿推敲のポイント

- **事実**と異なることが書かれていないか，示されていないか．
- **論理**が一貫しているか．**矛盾**したことが書かれていないか．
- **学術用語**や**専門用語**を，間違わずに用いているか．
- **わかりやすい**表現であるか．

13.4 予稿例を見てみよう

第 11 章のレポート例と同じ内容を取り上げ，予稿例を以下に示す．発表者を□□大学の理工学部の大学院生（中井玲奈）と指導教官（加藤達男）とし，材料系の学会で発表する内容とした．英文要旨は省略してある．レポートとはかなり違うことがわかるであろう．

予稿例

新規水溶液プロセスで作製されたトギコンαの構造および物性解析

□□大学理工学部　○中井玲奈・加藤達男

【緒言】 21世紀は環境調和型で持続可能な社会の実現が求められている．それを実現するためには，水溶液を用いた環境に優しい作製プロセスを開発すること，および耐熱性に優れた材料を創成し材料の長寿命化を達成することが必要である．トギコンαは優れた物性βを示し，機能性材料として多くの研究例が報告されている．しかし，その合成は有機溶媒に限定されており，物性βの耐熱性も改良が必要である．そこで，本研究の目的は，新規水溶液プロセスによりトギコンαを作製すること，およびその構造と物性βの耐熱性を調べることである．

【実験】 ザクロスA 17.6 g (9.78×10^{-2} mol)をH_2O 100 gに溶解した．この水溶液に29%アンモニア水28 gを撹拌しながら添加（pH9）し，白色沈殿（水酸化ザクロスA）を生成させた．洗浄後の沈殿にH_2O 100 g，試薬カタコンB 30.0 g (3.74×10^{-2} mol) および35% HCl 3.90 gを添加してpH＝1とした．この溶液を60 ℃/2 h加熱還流した．反応液をロータリーエバポレーターで濃縮乾固（60～80℃/3 h）して，トギコンα粉体を得た．さらに，トギコンαを400℃/1 h焼成して，トギコンα(400)粉体を作製した．比較試料〔トギコンα(比較)およびトギコンα(比較)(400)〕は既報[1]により作製した．

【結果と考察】

合成プロセス：水酸化物を経由する水溶液プロセスを新たに開発した．白色のトギコンαが良好な収率で得られた．

試料の結晶構造：試料の結晶構造を，XRDパターンを測定して調べた．新規プロセスによるトギコンαおよびトギコンα(400)の結晶構造はAAA型であった．それに対して，比較試料のトギコンα(比較)はアモルファスであり，トギコンα(比較)(400)は結晶化しAAA型を示したが，そのパターン強度は小さい．

試料の物性β：上記試料を100℃の加熱条件下で物性βを測定した．物性β(図)は時間とともに直線的に低下した．トギコンαとトギコンα(400)では，物性βの変化は小さい．一方，比較試料の変化は大きい．これは新規プロセスにより作製したトギコンα，特にトギコンα(400)の耐熱性が良好であることを示している．

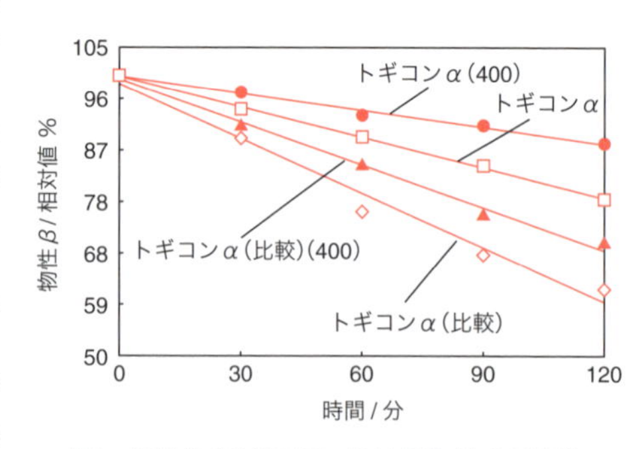

図　加熱(100 ℃)下における物性βの変化

引用文献

1) S. Kato *et. al.*, *J. XYZ Chem.*, **25** (2011) 56.

謝辞　本研究は，○○省□□研究助成事業「○○」により実施された．

コラム　その13

紙のサイズと用途

紙の寸法はJIS規格で定められている．下の表にそれを示す．主な用途も示しておく．A列は国際規格であり，B列は日本規格である．従来，書類作成にはB列用紙を用いてきたが,現在はA列用紙を用いる．ところで,アメリカではレターサイズ（8.5×11インチ／216×279.5 mm）を一般的に用いており，アメリカの人と書類のやりとりをすると，紙のサイズが異なりファイル化するとき不便なときがある．

第15章で扱うポスターでは，A1，A0，B1，B0を用いる．用紙の大きさは主催者から指示されるので，それに従う．

A列	mm×mm	主な用途	B列	mm×mm	主な用途
A0	841×1189	ポスター発表資料	B0	1030×1456	ポスター発表資料
A1	594×841		B1	728×1030	
A2	420×594		B2	515×728	
A3	297×420		B3	364×515	
A4	210×297	一般的な用紙 楽譜 パンフレット 月刊誌	B4	257×364	グラフ誌 楽譜
A5	148×210	一般的な書籍	B5	182×257	週刊誌，チラシ
A6	105×148	文庫	B6	128×182	一般的な書籍
A7	74×105		B7	91×128	
A8	52×74		B8	64×91	
A9	37×52		B9	45×64	
A10	26×37		B10	32×45	

※ちなみに本書はA5判である．

第14章

発表用スライド資料

14.1 発表用スライドはどんな場面で使われるか

発表予稿を提出したら，いよいよ発表である．研究発表には口頭発表とポスター発表がある．ポスター発表については第15章で述べる．口頭発表では「パワーポイント（PPT）」や「キーノート」などプレゼンテーションソフトを用いて発表する[*1]．OHC[*2]も用いられることがあるが少数例である．以下ではPPTで作成する発表用のスライド資料について述べる．

口頭発表ではPPTファイルをパソコンで開き，スライド画面を液晶プロジェクターからスクリーンに投影しながら話す．発表時間は主催者から提示される．学会だと1発表あたり質疑応答も含めて15～20分程度である．15分の発表だと，実際の発表は10分，質疑応答4分，交代が1分程度だろう．大学の卒研発表だと10～15分程度である．10分だと，発表7分，質疑応答2分，交代1分となる．招待講演や特別講演は30～60分の発表となる．

14.2 わかりやすい発表資料の条件とは

14.2.1 研究成果はストーリー

よい研究発表では，発表者はストーリー（物語）を語るストーリー・テ

*1 「パワーポイント（PPT）」はマイクロソフト社，「キーノート」は，アップル社のプレゼンテーションソフトであり，パソコンで操作して液晶プロジェクターなどで投影する．どちらを使うかは，使用者の好みや用いるパソコンによる．
*2 OHCはOverhead Cameraの略号．書画カメラを用いて，紙などに書かれた資料を，プロジェクターを通して映す．資料に書きながら発表できるというメリットがある．

ラー（Story Teller：話者）のようにふるまっているものだ．「私の興味深い研究成果，つまりおもしろいストーリーを，ぜひ聴いてください，わかってください」という気持ちで発表している．それが成功すると，聴衆に理解され賞賛も得られる．そうなるように発表資料を工夫しよう．

14.2.2　論理的な構成

資料を論理的に構成すると聴衆にわかってもらえる．つまり，「目的―実験（調査・シミュレーション）―結果と考察―結論（まとめ）」が1つの論理で貫かれているのである．目的を達成するために，実験したりシミュレーションしたりしたのだ．それらのデータなどを解析して結果が得られ，結果についての考察から結論が得られる．そして，その結論は目的を達成している．これらには，常に1本の論理が通るように発表資料を構成しなければならない．

14.3　スライド作成のコツ

14.3.1　スライド作成で留意すること

研究発表するためのスライドを作成するときには，いくつか留意すべきことがある．

① 用語

用いる用語は，原則として学術用語とする．業界用語を用いる場合は，会場の聴者のほとんどが理解しているものとするか，最初に用語の定義をしてから用いる．企業内や業界内の隠語は原則として使用しない．

② 開示データ

企業の技術者が企業外で発表するときは，開示するデータをどの範囲にするか，注意が必要である．発表者の判断のみで進めない．十分に吟味していないデータは発表しない．また，開示するとその研究の優位性が低下する事項は，発表の前に関係者や上司とよく調整する．発表するデータについては，原則として事前に特許出願することを薦める．

最近の学会では，企業秘密を開示しなくても許される．企業の技術者としては，「秘密があるから発表しない」と考えるのではなく，「企業技術が優秀であることを関係者に理解してもらう」ために発表するとよい．なぜなら，発表後の質疑応答やその後の研究者どうしのプライベートな会話で思いがけないヒントが得られることが多いからである．

大学や研究機関の発表でも秘密事項があれば，上と同様にする．しかし，そうでないなら，大学や研究機関は成果をすべて開示するとよい．これらの機関は知的財産を創成することが任務だからである．

14.3.2　スライドの構成と内容

① スライド枚数

発表内容にもよるが，スライド 1 枚あたりに費やす時間は 10 秒〜 1 分程度を目安とする．どんなに長くても 1 分を超えないようにする．スライドの枚数は発表時間にもよるが，10 分の発表では 12 〜 20 枚程度，15 分では 20 〜 25 枚程度にするとよい．発表用スライドの後ろには，質疑応答に備えるために，想定質問に答えるスライドも数枚用意しておくとよい．

② スライドのデザイン

スライドは A4 の大きさとし，「スライドの向き」を横とする．カラー化は必須である．PPT には専用のカラー背景がデザインとして「デザインテンプレート」に備わっているので，それを使うとカラフルで見やすいスライドになる．一般的には，紺色など濃い色の背景には白や淡い色の文字や図を乗せるとよい（図 14.1 a）．濃い色の文字の周囲

(a)

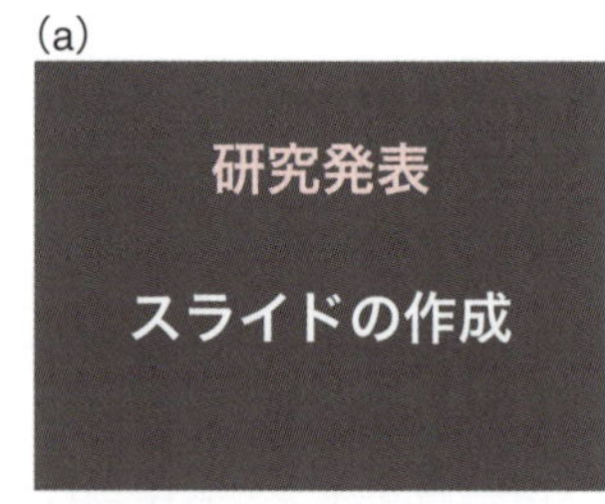

(b)

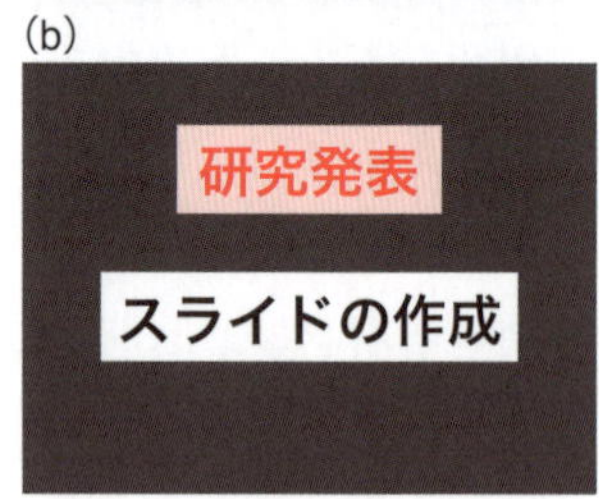

(c)

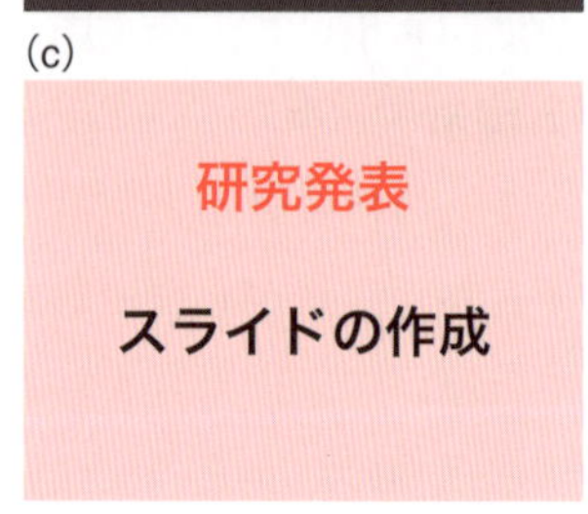

図 14.1　スライドの配色例

を白抜きや淡い色で囲む手もある（図 14.1 b）．逆に，淡い色の背景には濃い黒や赤などの文字や図が適切である（図 14.1 c）．

PPT には画面へ図や文字を出現させる「アニメーション」が設定されており，これを活用するとアピール力のある発表になるので有効に使う．ただし，しつこく使うと嫌がられるので注意する．

③ スライドの内容

スライドに盛り込む内容は以下のとおりで，基本的にはレポートや卒論の構成と同じである．研究室内で月度報告などを定期的に行っていたり，発表に関連する報告書があったりする場合は，それらを参考にするとよい．

1. **表題**：発表題名，所属および研究者氏名を記す．壇上に立つ人に○印を付ける．
2. **緒言**：本研究の背景および本研究の目的を記す．
3. **実験・調査・シミュレーション**：行った実験などの内容を記す．
4. **結果と考察**：最も重要と思う結果や代表的な結果（発表の目玉）のデータを図や表にする．結果をいろいろと議論するためにまとめの表や図解も必要である．
5. **結論（まとめ）**：研究の成果をまとめる．箇条書きがよい．
6. **謝辞**：研究助成をいただいたのなら，その機関への謝辞を記す．また，実験データを取得してもらったり結果について議論してもらったりした人がいるのなら，その人への謝辞を記す．

14.3.3　スライド作成法

よいスライドは，「わかりやすく，視覚に訴える」ものである．それを作成するためのコツは以下のとおりである．

・スライドの各シートに**表題**をつける．
・スライド内の構成は，左から右へ，上から下へ，とする．

- **カラー化**する．**アニメーション**を活用する．動画があるならそれを挿入する．
- 文字はできるだけ大きくする．**20～24ポイント(P)以上**が好ましい．スライドによってはもう少し小さく（18P程度）してもよい場合がある．会場を想定して明らかに小さい文字は使わない．文字は原則として**ゴシック体**とし**明朝体**は用いない．明朝体は細いのでインパクトに欠けるだけでなく，会場の後ろのほうからは見にくい．
- 言葉は単語，文節または文で表現する．文とする場合は1～2行と短くする．3行以上の長い文は書かない．ただし，「結論(まとめ)」では3行程度の文は採用してもよい．
- 用いる言葉をよく吟味し，あいまいな言葉・表現は用いない．理系文作成の原則に忠実に書く．つまり，言葉に1つの意味だけをもたせ，複数の意味をもたせない．文は**1文1義**が原則であり，複数の解釈が可能な文は書かない．
- 記号は定義してから用いる．特に，その記号を聴衆がよく知らない場合は必須である．
- 1枚のスライドに多くの情報を盛り込まない．このようなスライドは**ビジースライド**(busy slide)といって，嫌がられる．

14.4 発表用スライドの例

次ページから発表用スライドの例を示す．ここでは，第11章のレポート例を学会発表のデータとして使い，第13章の予稿例を発表予稿とした場合を想定している．ただし，この例ではデザインテンプレートは用いていないし，フルカラー化してはいない．実際に資料を作成するときは，テンプレートを用いてカラー化するとよい．

なお，ピンクの吹き出しに入れた文章は，スライド作成にあたっての注意書きやコメントである．

所属機関のシンボルを示すのもよい.

表題は44Pが好ましい(少なくとも40Pとする)
表題は主題とトピックスを入れる.
この表題の主題は「新規水溶液プロセスで作製されたトギコンα」であり,トピックスは「構造および物性解析」である.

新規水溶液プロセスで作製された
トギコンαの構造および物性解析

□□大学理工学部
○中井玲奈・加藤達男

ヘッダーやフッターに発表日や学会名などを記すことも可.

使用フォントは基本的にゴシック体とする.

20□□年‥月‥日　　第○○回　△△学会年会　　1

ページ番号を打つ.

背景を図解するとわかりやすい.

緒言

表題は36～44P

本研究の背景

この研究分野の一般的事項

水溶液プロセス
環境に優しい作製プロセス

水溶液で
反応させる

機能性材料

省エネルギー

低コスト

メリットを強調する.
以下につながることを記す.

トギコンα

高性能
機能性材料

応用

電子部品

自動車部品

要改良項目

耐熱性

作製プロセス

20□□年‥月‥日　　第○○回　△△学会年会　　2

本研究の目的

文章は，枠で囲むと見やすく，かつ強調される．

本研究の目的は箇条書きにする．

本研究の目的

①新規水溶液プロセスにより<u>**トギコンα**</u>を作製する．

②その<u>**構造**</u>と<u>**物性β**</u>を調べる．

強調したい文字は，色を変える，太字にする，下線を引く．

20□□年··月··日　第○○回　△△学会年会　3

実験

実験を順番に記す．本例ではトギコンαの作製を記す．

トギコンαの作製

実験プロセスや条件は，アウトラインでよい．ビジーなスライドにならないように注意する．

ザクロス A 17.6 g（9.78×10^{-2} mol）

数値データを示す．

← H_2O 100 g

← 29 wt%アンモニア水 28 g（pH9 になるまで）

↓

水酸化ザクロス A

← H_2O 100 g

← 試薬カタコン B 30.0 g（3.74×10^{-2} mol）

← 35%HCl 3.90 g（pH＝1）

加熱還流 60 ℃/2 h

↓

反応溶液

実験物の写真を載せるのはディスプレイ効果大．

↓ ロータリーエバポレーターで濃縮乾固　60〜80 ℃/3 h

トギコンα

20□□年··月··日　第○○回　△△学会年会　4

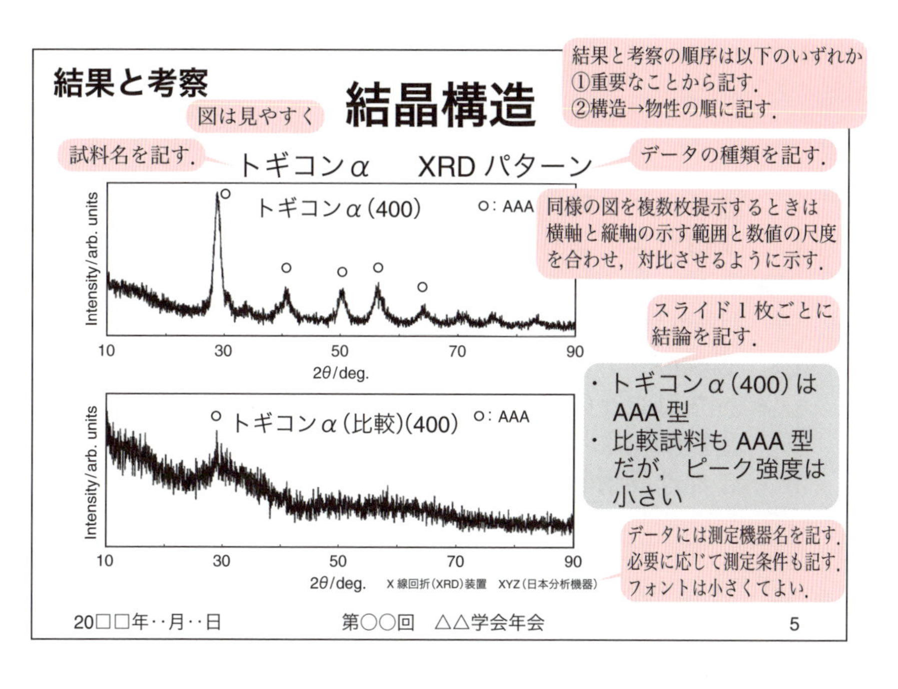

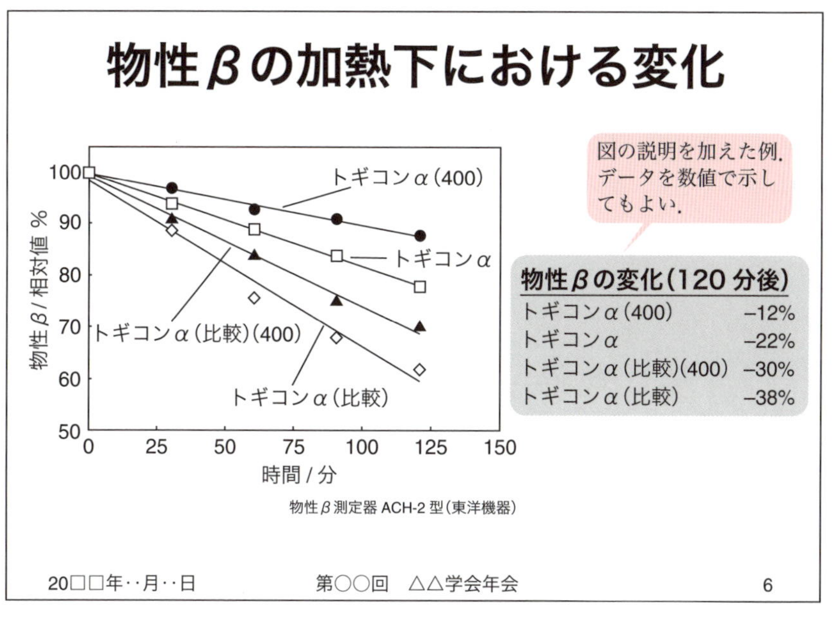

物性βの変化(120分後)	
トギコンα(400)	−12%
トギコンα	−22%
トギコンα(比較)(400)	−30%
トギコンα(比較)	−38%

結論は箇条書きにする．文は原則として1～2行とする．枠で囲み強調する．強調したい文字は太字などにする．

結論

結論は目的と対応させる．つまり，掲げた目的はすべて解決されて，それは以下のとおりである，という書き方になる．

- 原材料ザクロスAを用いて，**新規水溶液プロセス**によりトギコンαを作製した．
- トギコンαおよびトギコンα(400) の結晶構造はAAA型であり，結晶性は比較試料より良好であった．
- トギコンαの物性β(加熱下で測定) の変化は，比較試料より小さく耐熱性に優れている．
- これは**高耐熱性材料**として応用可である．

謝辞
本研究は，○○省□□研究助成事業「○○」により実施された．

研究助成を受けたときは助成機関への謝辞を記す．

20□□年‥月‥日　　第○○回　△△学会年会　　7

コラム　その14

口頭発表をうまく行うには

口頭発表がうまくいくと研究成果を多くの人にアピールできる．そのためにはまず成果に自信をもつことである．初心者はどうしても発表前に不安になる．そのときはデータや勉強したことを目の前に積み上げ，「これだけデータを取ったのだから大丈夫，こんなに勉強したのだからOK！」と暗示をかける．そして，以下のコツをふまえて発表してみよう．

◆発表の態度

・堂々と前を見て，聴衆の真ん中あたりに視線を向けて話す．

◆話し方

・ハキハキと明瞭に発音して話す．
・声が会場全体に通るようマイク位置を調整する（襟やネクタイ上部がよい）．
・話すスピードは400～500文字/1分が適切である．原稿をつくって時間を計って練習するとスピード感がわかる．早口では誰も聴いてくれない．本番では早口になりがちだから，「落ち着いて，落ち着いて」と自分に言い聞かせながら発表する．
・イントネーション豊かに，強調すべきところを強く言うと効果的である．
・息継ぎをうまく取る．原稿の句点（．）でひと息つくと，聴衆もそこでひと息つけるので，内容が理解されやすい．
・1つのスライドを終えて次のスライドに移るとき，話し終えて1～2秒待ってから移ると聴衆はそのスライドを理解しやすい．

◆レーザーポインターの活用

・話している箇所にレーザーポインターを当てて聴衆の視線を向ける．

・レーザーポインターはできるだけぶらさない．指す場所に留めておく．
・レーザーポインターをグルグルと回さない．聴衆の目が回ってしまう．

◆発表時間

・発表時間は厳守する．指定時間の ±15 秒程度になるよう練習する．

◆質問にどのように対応するか

・質問される可能性のあることは，発表前に必ず勉強しておく，それに対応する PPT も用意しておく．
・初心者は質問への対応があまりうまくないようだ．会場から偉い人が質問するとそれだけで頭が真っ白になってしまい，なんと答えてよいのかわからなくなってしまう人が多い．事前に十分勉強したはずだが，いざ質問を受けるとそれがどこかに飛んで行ってしまうのだろう．
・これに対する妙薬はない．やはり「習うより慣れろ」だ．発表の場数を増やして慣れるようにするのが最良の対策だ．
・質問には答えられる質問と答えられない質問があることを理解しておくのも大事だ．初心者は質問にはすべて正解があると思い込んでいる．しかし，優れた研究であればあるほど，研究が明らかにしたことの外側に魅力的な未解決問題が多くある．それについて聞かれるのは，質問者があなたの発表に興味をもったからだ．
・そのようなときは，「わかりません」と答えるのではなく，「たいへん興味のあるご指摘ですが，今回の研究ではそこは着手していません．今後取り組みたいと思います．ありがとうございます」と，素直に現状とお礼を述べると，質問者は「がんばってよい成果を出して，また発表してください」と励ましてくれるだろう．今後の励みになる．

第15章

ポスター

15.1 ポスターで発表する

研究発表にはポスター発表もある．本章はポスター発表で使うポスターの作成について述べる．

ポスター発表は大きな紙や布（A1〜B0判）に研究成果を書いて掲示し，その前で，集まってきた人に対して発表するものである．一度に発表を聴く聴衆が数人〜10人程度と少なく，フレンドリーに話せることも多い．研究の初心者は多くの人の前で話すのは苦手かもしれないから，ポスター発表で慣れてから，次のステップとして口頭発表を行うとよいだろう．

15.2 ポスター発表と口頭発表の同じ点・異なる点

ポスター発表は口頭発表と同じ点もあるが異なることもある．発表資料作成のコツも少し異なる．

15.2.1 同じ点

ポスターの構成は，前章で説明した口頭発表のスライドと基本的には同じである．「緒言（背景と目的）」→「実験，調査，シミュレーション」→「結果と考察」→「結論（まとめ）」という順序で資料を作成する．

15.2.2 異なる点

ポスター発表と口頭発表が異なる点は以下のとおりである．

・発表資料の表示方法：ポスター発表では発表資料を大きなボードに貼り

付けて発表する．

- 発表時間：主催者から指示されるが，45～90分が一般的である．長いと思うかもしれないが，聴衆とのディスカッションがはずむと意外に短い．
- 発表とディスカッションのやり方：発表者は自分のポスターの前に立ち，目の前の聴衆（多くても10人程度，通常は数人）に発表する．まず研究成果のポイントを簡潔に1～2分程度で話す．その後，聴衆からの質問に答える形で質疑応答が進む．この聴衆とのディスカッションが終わると，次の聴衆に入れ替わる．人気のある発表だと後ろに待ち構えているので，次々に聴衆が入れ替わる．
- 発表の規模：こぢんまりしており，聴衆と内容の濃いディスカッションをすることも可能である．聴衆の興味により質問や討論が多岐にわたることがあり，聴衆が変わると別の観点からの討論となることもあるから変化に富む．また，ときとして研究者の本音も聞けるのが利点である．
- 話す回数：同じ内容のことを何度も話さねばならない．発表者には少し負担が大きいかもしれない．

15.3　PPTによるポスター作成のコツ

15.3.1　ポスターの大きさと用紙

ポスターボードの大きさはA1からB0まであり，主催者から指示される．ポスターに使う用紙の大きさには図15.1に示した2種類がある．

A4判の紙を使うときは，第14章で述べたPPTがあるならそのまま印刷してボードに貼ればよい．どちらを用いてもよいが，筆者は大きな用紙1枚に書

(a)

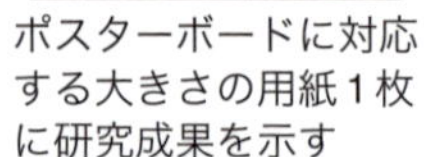

ポスターボードに対応する大きさの用紙1枚に研究成果を示す

(b)

A4判の紙10数枚に研究成果を書いてポスターボードに貼り付ける

図15.1　ポスター用紙の大きさ

くことを薦める．大きな用紙に研究成果がまとめられていると，聴衆が研究成果を順序立てて理解しやすいし，見ばえもよいからである．

大きな1枚の用紙を使う場合，大型のインクジェットプリンターで光沢紙に印刷する．マット紙や布地に印刷することもできる．布地だと折りたためるので小さくして運べる．海外で発表するときに便利である．どの用紙を使うのかは発表場所や自分の好みに応じて選ぶとよい．

15.3.2　ポスターの構成とレイアウト

① 構成

ポスターの構成例を図15.2に示す．研究の「表題」は一番上に記し，その下に研究者の所属と研究者名(発表者には○印をつける)を記す．どこか (例では左上) に所属機関のシンボルを掲げてもよい．そして，その下を縦に4等分する．一番上の左に「緒言(研究の背景と目的)」を，その横に「実験」内容を記す．調査やシミュレーションの場合もその内容を記す．その下の3段には「結果と考察」を記す．結果の一つひとつに表題と結論を併記する．結果と考察は成果のなかから重要なものを選んで載せる．この例では5つ載せてある．「結論（まと

図15.2　ポスターの構成例

め)」はポスターの右下に記す．全体として，左上から右下に目線が動くようにしている．

② レイアウト

ポスターは魅力的に見えるようにする．魅力的でないと，会場の参加者が近くまで来てくれない．大勢の人に自分の研究成果を話したいなら，まずはめだつようにすべきである．また，聴衆は1〜2m離れたところからポスターを見る．そこから中身がよく見えるようにする．たとえば次のような工夫をする．発表はアピールであることを肝に銘じておこう．

- **題名を大きく書く**
- **背景を濃い色とする**
- **多色化する**

文字のフォントはゴシック体とする．また，文字や図表の大きさは以下のようにすると聴衆が見やすい．

研究の表題：80〜100ポイント
所属と研究者名：50〜60ポイント
「緒言」や「実験」などの項目名：約50ポイント
各項目の内容：24〜28ポイント
図表：A5〜A4判程度の大きさ
写真：一辺約10cm以上

15.3.3 ポスターの作成

ポスター作成の基本は前述の発表資料と同様である．ポスター用紙というキャンバスに，自分の研究内容を思う存分描いて，人にアピールするという気持ちで作成すると魅力的なものになる．

ときには，図解より文章(箇条書きも可)で記すとより効果的なこともある．たとえば，緒言，本研究の目的やまとめなどは文章にするとよい．発表者がポスターの前にいないときもあるので，そのようなときに聴衆が文章を読んで理解できるからである．ただし，うまく図解できればそれでも問題ない．

パソコン画面でポスター作成作業をする場合，画面に全体を映していると部分の詳細が見えず，特定の部分に集中していると全体のバランスがわからなくなる．ときどき全体を見ながら細部にも注意を払って作成するのが，ポスター作成のコツである．

15.3.4　補助資料

ポスターでは口頭発表と異なり，スペースが少ないこともあり，図や表を多く載せられないので，結果を厳選して載せねばならないこともある．そのような場合，補助資料を用意し，それをクリアファイルのようなものに入れて必要なときに聴衆に見てもらうとよい．

補助資料は液晶ディスプレイからポスターの横に映して示してもよい．タブレット端末に補助資料を収納して示すことも有効である．実験の様子や試料の作動状態などをビデオで撮影し，それを発表時にタブレットで見てもらうとインパクトが大きい．

コラム　その15

ポスター発表とディスカッションをうまく行うには

◆ポスター発表のコツ

発表するときのコツを紹介する．

・ポスター発表は，他の研究者と「会話する」という意識で行うとうまくいく．
・近くの人に話すのだから大声を出したり大げさな身振りしたりする必要はないが，ハキハキと話すと好感がもてる．
・小さな指し棒を使って該当するところを示しながら話すとわかりやすい．
・発表を聞いてくれる人は1人ではないのだから，集まっている人たちに均等に目線を向けて話す．
・相手の目をしっかりと見つめる必要はないが，目線をそらせてはいけない．
・「みんなと話すのが楽しい」とか「聞いてもらってうれしい」と思いながら行うと，上手な発表と見られる．
・最近では，小さな液晶プロジェクターやタブレット端末をもち込んで動画で研究成果を示す人もいる．動画で示すことでインパクトが強くなるのなら，見習ってよいだろう．

◆ディスカッションのパターン

ポスター発表では目の前の聴衆とうまくディスカッションできると，実り豊かな発表となる．ディスカッションがはずむために，聴衆とうまく間合いを取ることが大切である．

ポスター発表では，数人の聴衆が発表者の目の前にいる．聴衆はポスターの前に来ると内容を読む．それから聴衆と発表者のやりとりが始まる．それにはいくつかのパターンがある.

(a)聴衆から質問されるケース

このケースは，最もよいケースである．聴衆が発表内容を理解し興味をもったので,「○○は何ですか？」とか「○○を説明してください」と言って，質問してくる．発表者はその質問に答える形で質疑応答が始まる．かなり突っ込んだ質疑応答ができることが多い．聴衆からいろいろなことを教えてもらえて，今後の研究の参考になる情報を得ることも多い.

(b)発表者から話しかけるケース1

聴衆は興味がありそうだが，質問を躊躇(ちゅうちょ)しているような場合には，こちらから話しかける．質問を躊躇するのは，聴くことが恥ずかしいとか，質問の焦点が絞れないからだろう.「内容を説明しましょうか？」と聞く.「はい」と答えてもらえれば，研究の背景，目的を簡潔に述べて，最も重要な成果(発表の目玉)を述べる．これらを1～2分程度で述べる．長々と説明しない．話し終えると，相手から質問されるので(必ず質問される)，それに答える．この発表では発表の目玉を話すことが肝要である．枝葉末節から話すと，質疑応答がそればかりになって，自分の本当に言いたいことが伝わらない.

(c)発表者から話しかけるケース2

聴衆に興味があるか否かよくわからない場合，まずこちらから話しかける.「説明しましょうか？」と問うと，聴く気持ちがあれば,「はい」と答える．そのときは上と同様に発表する．あまり興味がなさそうでも，発表の目玉を簡潔に述べる.「この研究は，○○を調べて，△△の結果になりました」と話そう．聴衆がそれを聴いておもしろいと思ったら質問してくるので，やりとりがはずんでいくことになる.

第16章

投稿論文

16.1 論文を投稿するということ

学術的に意味ある研究成果は，学術論文誌に掲載されて人類共通の知的財産になる．大学は知の創造が大きな任務のひとつであり，研究成果は論文誌に投稿されて初めて完成する．企業においても機密でない部分はできるだけ投稿することを薦める．質の高い研究成果を公開することは，研究者個人の研究力を高めることになるし，企業の研究レベルの高さを社会に知らせることにもなるからである．学術論文誌は世界の学協会や専門出版社が発行しており，各学問分野にわたって数多く存在する．そのなかからあなたの研究成果を発表するのに適切なものを選択して投稿しよう．

投稿論文もこれまで述べてきたことができていれば，書き方は難しくはない．しかし，投稿論文は最も高いレベルの内容を要求されるから，構成や書き方には注意すべき点がいくつかある．投稿論文を書く場合，初心者は1人で書こうとしないで，必ず研究指導者の指導のもと，一つひとつ手を取って教えてもらいながら書くとコツがつかめ，上達も早い．

16.2 投稿論文の投稿から掲載まで

論文の投稿は図16.1のフローに従って行う．論文原稿（図表を含む）を書き終えたら，投稿先を決める．投稿先を先に決めて原稿を書くこともあり得る．論文誌のエディター(編集者)へ，投稿論文原稿(本文，図表を含む)と必要な書類を添えて投稿する．最近では，ほとんどの論文誌が電子メールによる投稿である．一部の論文誌は郵送でも受け付けてくれる．

エディターは，体裁と内容がその論文誌の規定や掲載分野に合致していれば，論文原稿を受理(received)し，その旨投稿者へ連絡される．この受理日がその論文が公式に世界に開示された日となる．エディターは論文原稿を審査員(referees)へ送付し，その論文原稿が論文誌に掲載可であるか審査を要求する．

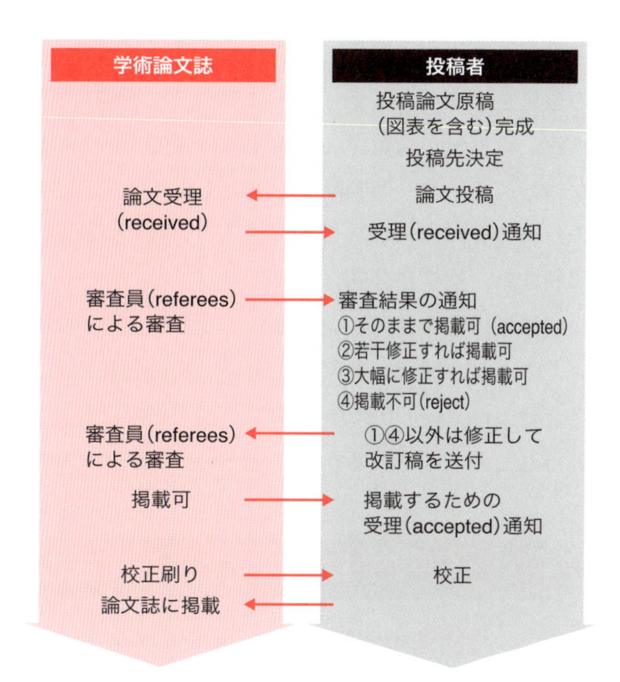

図 16.1　論文投稿から掲載までのフロー

審査員は通常 2 ～ 3 名で，2 ～ 4 週間程度で審査結果をエディターへ返送する．審査員の判断は次の 4 種類である．

① 原稿はそのまま**掲載可**である(accepted).
② 審査員の指摘に従い**若干改訂**すれば，掲載可である.
③ 審査員の指摘に従い**大幅に改訂**すれば，掲載可である.
④ **掲載不可(reject)**である.

その結果を受けてエディターの判断も加え，審査結果と論文原稿を投稿者へ返送する．①④の場合を除いて，投稿者は論文原稿を修正し，再度エディターへ改訂原稿を送る．このとき，審査結果に対する投稿者の回答をあわせて送付する．「審査員の見解にもとづき○○と修正した」などと修正内容を具体的に記す．投稿者と審査員の見解が異なる場合には，投稿者の意見を述べる．エディターはもう一度原稿を審査員へ送付し，見解を求める．審査員が掲載可と判断すれば受理（accepted）される．修正箇所が少ないとエディターが判断することもある．受理されると，投稿者には掲載のための受理通知が送付される．その後，校正刷の校正を経て，論文誌に印刷され，論文が公開される．

同様の内容の研究が公開されるとき，どちらの研究が先に行われたかということが，研究の独創性をめぐって問題になることがある．そのような場合は，received された日付による．その日が先であれば研究はそちらが先行したと判断されるから，received の日付は重要である．

16.3 投稿論文で注意すること

16.3.1 投稿先の決定

論文の投稿先をまず決める．投稿先は，学問分野，論文の質や対象とする読者などにより決定する．初心者が投稿先を決めるのは難しいから，研究指導者の見解に従うとよい．

16.3.2 スタイル

投稿する論文誌によりスタイルが決まっている．論文誌には必ず「投稿規定」や「投稿の手引き」があるので，それを熟読し，その規定にそって原稿を作成する．規定に反していれば，それだけで受理してくれない場合もあるから，注意する．

スタイルのテンプレートが提供される論文誌もある．論文誌のホームページに掲載されているので，それをダウンロードして原稿を書く．

16.3.3 論文の書き方

投稿論文もその書き方は，基本的には第11・12章のレポート・論文の書き方と同様であるが，投稿論文で特に注意することを以下に述べる．

① 内容の吟味

投稿論文には，まず，学問的に意義のあるデータであることと，それにもとづく合理的な解釈と結論が要求される．そして，それを簡潔に過不足なく記すことが求められる．冗長な文章や必要性の低い図表は問題になる．審査員から説明を求められたり，削除を指示されたりすることもある．

だから，研究結果を投稿論文にしようと考えたのなら，結果をもう一度並べて十分に内容を吟味する．新規性はあるか，データにあいまいさはないかはもちろんのこと，結果の解釈と結論に無理がないか，あらゆる角度から再度検討する．思いがけず違った解釈が可能となる場合もあるからである．そのような内容で投稿すると審査員から必ず指摘を受け，訂正できれば幸いであるが，掲載拒否(reject)される場合がある．

次いで，構成を検討する．どのデータを表や図にするか，どのように議論を進めていくかをよく検討する．

② 先行研究・類似研究

先行研究や類似研究を十分調べる．これを怠ると審査員から，「先行研究例が不足している」と指摘されることがある．それらの研究内容を緒言（Introduction）で簡潔に述べ，結果と考察（Results and Discussion）では，自分の研究成果とそれらの研究内容との違いなどについて述べ，自分の研究成果の意義を引き立たせる．

③ 言語

言語は，投稿先の指定する言語とする．日本で出版されている論文誌の場合は日本語で受け付けてくれるものもあるが，科学技術分野における世界共通語は英語である．論文は英語で書くことを薦める．日本でもできるだけ英語で書くことを薦める．

④ 用語

正確な科学技術用語を用いる．専門用語集や辞典で確認してから用語を用いる．これが違っていると，審査員に大きな違和感と疑念を与えることになり，誤解されたり論文の価値を下げたりしてしまう．

⑤ 表題

論文の表題(Title)は重要である．表題の重要性は繰り返しこれまでの章でも述べてきたが，論文誌の読者は，表題を見てその論文を読むか読まないかを決める．魅力的な表題とし，主題(トピックス)と目的を盛り込む．表題の書き方については前述した．

たとえば，第11章の事例を投稿論文にする場合を考えてみよう．以下の表題だとインパクトに欠ける．

論文表題例 悪い例

新規水溶液プロセスによるトギコンαの作製と物性

次のようにするのが適切だろう．

論文表題例 改善例

水酸化物を経由する新規水溶液プロセスによるトギコンαの合成と物性βの評価

なお,「……に関する研究」,「……について」などは, 避けるべきである.「新規プロセスによるトギコンαについて」だけだと，何を書いてあるのかわからない．

⑥ 要旨・結論

表題の次に読者が読むのは，要旨(Abstract)と結論(Conclusion)である．ほとんどの読者は，表題・要旨・結論しか読まないというのは言いすぎと思うが，それくらい要旨と結論は重要である．これらは十分に吟味して書かねばならない．

要旨と結論は同じことを書いてはいけない．要旨は研究内容の概要であり，研究目的・結果・結論が簡潔にまとめられているべきである．結論は，文字どおり研究の結論であるが，研究の目的も簡単に述べて研究成果を述べてもよい．

いずれにしても，何度も書き直し，アピール力のある文章にする．ここが最重要ポイントである．

⑦ 図表

代表的なデータを図表にまとめるときは，何をどのようにまとめて表示するのか，何度も考えていろいろなパターンを作成すると見やすくてわかりやすい図表をつくることができる．最近の論文誌は電子ジャーナル化しているからカラー化できる．カラー化すると見やすいしインパクトがある．図表のキャプション（表題）は図表の内容を過不足なく表すように言葉を吟味する．

⑧ 引用文献

引用文献の本文中での引用方法（○○ x)，○○ [x] など）や，文献リストでの記載方法は論文誌で決められている．「投稿規定」や「投稿の手引き」に従って記す．

16.4 投稿論文を書くときのキーワード

以上のことをふまえて，投稿論文を書くときに必要なことをまとめておく．これが満たされているか十分に吟味する．

投稿論文に必要な 4 箇条

① 学問的に意義あるデータ
② 科学的論理性
③ 簡潔さ
④ 学問分野に対するインパクト

第17章

企業の各種文書

17.1 企業文書を書く

理系人は社会で活躍し多くの文書を書いている．企業や研究機関で書く理系文書には「研究成果報告書」や「実験結果報告書」などがある．それ以外にも，会議を開いたらその議事録を書くし，仕事に関係する情報を入手したら文書化して関係者にそれを伝達する．これらの文書は各社・各機関で一定のスタイルが定められていることが多く，かつ1ページ程度に収める簡潔さと明晰さも要求される．

このような文書をここでは「企業文書」と呼ぶことにする．それは書式も書き方も大学で書いていたものとは趣が異なる．これらの組織に勤務する理系人は，企業文書に慣れ，書き方をマスターすると文書作成の達人になれる．本章では各種企業文書の書き方について述べる．

なお，以下では企業における文書について述べるが，研究機関でも同様であり，企業を研究機関と読み替えれば適用できる．

17.2 企業文書の特徴——学生のレポートとどこが違うか

比較しやすいように大学のレポートと対比させて，企業の「研究報告書」の特徴を述べる．この特徴をよく認識しておくと適切な報告書が書ける．なお，以下の「研究報告書」を，「会議議事録」や「情報伝達文書」と読み替えれば，他の企業文書でも同様に取り扱える．

17.2.1 経営者や上司の決断の資料

企業における研究報告書は，あるテーマについての研究開発成果をまとめたもので，その企業のもつ最新の技術情報が集積されている．経営者や上司はその成果にもとづいて経営方針や技術開発方針を決定する．だから，報告書は，経営者や上司が決断しやすい内容とする．つまり，一読して理解でき，判断のポイントが記載されているべきだ．おおげさに言えば斜め読みしてもわかるように，正確・明晰・簡潔に書く．

17.2.2 社内のナレッジ（知的財産）

報告書は，社内の研究開発の部署が行った最新の研究成果が盛り込まれているから，社内の関係者すべてが共有すべきナレッジ（知的財産）でもある．だから，社員が活用できるように書く．特に，その内容が企業にとってなじみのないものや初めての事項である場合には，詳細に記し，その企業における教科書の役目も果たさせる必要がある[*1]．

21 世紀は知識創造が重要であると言われる．知識創造のためには社内にナレッジを蓄積することが第一歩である．報告書はその有力な源である．

17.2.3 特許への配慮

報告書には研究テーマに関連する他社特許を調査し，それをふまえた下記のような内容を盛り込む．

- 研究成果が他社特許に抵触していないか
- 他社特許（他社技術）との相違は何か
- 研究成果から出願した特許があるのならその概要

本来，企業の研究成果が他社特許に抵触することはありえないはずだが，

*1 前項で「簡潔」と述べ，ここでは「詳細」と記した．矛盾を感じるかもしれないが，企業文書では，「簡潔」は「概報」で，「詳細」は「詳報」と役割を分担する．

もし抵触している場合にはその対策[*2]を提案する．

一方，研究成果のなかから特許にすべき発明が生まれた場合は，報告書作成以前に出願しておく．研究報告書より特許出願が優先される．オリジナリティの高い研究では，少なくとも1件の特許出願は必須である．

17.2.4 機密の保持

報告書に盛り込まれる研究成果は企業機密であるから，その内容が社外に漏れないようにする．冊子で保管する場合には，カギ付きの保管庫（機密の高いものは窓なしの保管庫や書庫）に入れる．電子ファイルでサーバーに保管する場合には，外部からサーバーやパソコンに侵入されないようにファイヤーウォールを万全とする．

17.2.5 定型化された文書

企業報告書のスタイルは一定の形式に定式化されている．ほとんどはA4判で1枚である．名称，報告者の所属と氏名と報告内容は定まった位置に盛り込む．フォントの大きさは10.5～12ポイントとし，行間は16～20ポイント程度とする．例は後で示す．

17.3 さまざまな企業文書の書き方

企業報告書には，「研究報告書」，「実験・調査・シミュレーション報告書」，「会議議事録」や「情報伝達文書」などがある．それらの主なものについてスタイルと書き方を述べる．

17.3.1 社内研究報告書

社内報告書は，概報と詳報の2部構成とする．

*2 報告書が，他社特許の追試，一部の基礎研究や他社製品の解析などの場合は，これに該当しない．

① 概報

概報は，報告した研究開発成果のエッセンスを盛り込んだもので，研究目的，結論(または概要)，結果およびその図表からなる．報告書を読むのは経営者や上司であるが，彼らは多忙であるからあまり時間をさいて報告書を読めない．多くの場合は，概報のみを読んで判断する．詳報は必要のあるとき必要な箇所を読む．だから，概報は，正確・明晰・簡潔でなければならない．

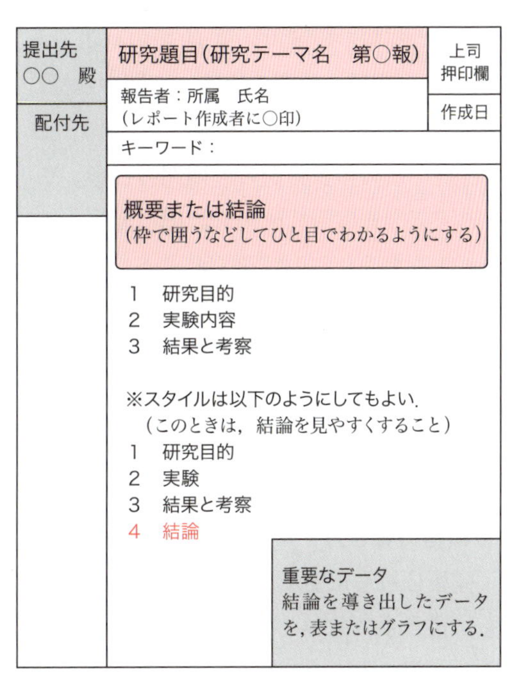

図 17.1　概報のスタイル例

・スタイル：概報は A4 判 1 枚に必要な事項を含む定型文書としてスタイルを決めておく．スタイルは企業によってそれぞれ異なる．たとえば図 17.1 のように，各項目を配置する．

・フォント：強調したいところのフォントを変えるとインパクトが大きくなる．たとえば通常文を明朝体で書いているなら，結論や概要をゴシック体にすると結論や概要が目に入りやすい．フォントの大きさは 10.5 ～ 12 ポイントとし，行間を 16 ～ 20 ポイントとすると読みやすい．小さな文字でせまい行間で書いた報告書は，上司に「読むな」と言っているに等しい．

② 詳報

一方，詳報は研究内容が詳細に記されたものである．研究の詳細を理解したいときに読むものだから，行った研究について詳しく内容を記す．ナレッジとしても用いられるので，正確・明晰・詳細でなければならない．

・構成：詳報の構成は，第11章のレポートと同様にする．つまり，「緒言」（研究の背景，研究の目的，期間の目標），「実験・調査・シミュレーション」，「結果と考察」，「結論（まとめ）」と「今後の進め方」からなる．報告書が最終報告書なら，「期間の目標」や「今後の進め方」は不要である．
・内容：詳報は研究成果を詳細に記す．ナレッジ（知的財産）としても活用できるように，内容をくわしく記す．ときには初歩的なことから記す配慮も必要である．社員には初心者もいるし門外漢もいる．そのような社員にとっては詳報が教科書になるからである．研究者がその研究に対する思いの丈を述べたものとも言ってよい．

詳報の書き方は第11章と第12章を参照することとし，以下では概報の書き方を述べる．

③ 概報の書き方

概報は最も重要な報告書のひとつであると言っても過言ではない．だから，書き手の言いたいことはすべて概報に盛り込む．研究途中の報告書なら，詳報の内容を吟味してエッセンスを抽出し，コンパクトでしまりのある文で書く．このとき，文のつながりをなめらかにして，強調すべきところはフォントを変えたり下線を引いたりして強調して書く．最も重要なデータは表または図で示す．

(a) 研究題名　それを読んだだけで研究内容がわかるように記す．題名は研究内容を示した短文で，主題（トピックス）と目的を盛り込み，詳報と一致させる．研究報告書が一連の研究の一部である場合には，「○○○の研究 第□報」とし，研究内容を表す副題を付ける．判断できない場合は上司と相談する．

(b) 所属と担当者（著者）　所属は，担当者の所属している部署名を記す．複数の部署にまたがっているときは，全担当者の所属と氏名を記す．部署名は企業の慣例に従う．部署の記号があるならそれで所属を示してもよい．担当者はその研究の担当者とするが，誰を入れるか迷ったら上司の判断による．報告書の著者には○印をつける．

(c) 提出先　上司へ提出する．

(d) 概要（または結論）　概報の最初に報告の概要または結論を記す．最も重要な部分なので，枠で囲んだりフォントを変えたりしてめだつように工夫する．研究目的，最も重要な結果や提案事項（今後の進め方や事業の発展方向など）を，正確に，明晰に，短文で記す．提案したいのなら「○○を提案する」と明確に記す．あいまいな表現をしない．多忙な上司はここしか読まないと考えて，力を込め，筆力を振り絞って書く．

(e) 研究の目的　研究の目的を箇条書きで記す．数行にわたりだらだらと記さない．目的と結論は合致させる．

(f) 主な結果　得られた研究成果のうち，主なものをデータとともに記す．結果は目的(目標)，結論とリンクしていなければならない．概要(結論)とともに報告書の最重要箇所であり，どれを取り上げるかは十分に吟味する．重要なデータは必ず表または図にまとめて示す．データを羅列してはいけない．表と図は両者あわせて1～2点とする．結果を箇条書きにすることも，読み手(上司)の理解を助けるだろう．

(g) キーワード　研究のキーワードを5つ程度記す．その研究を最もよく示す言葉とする．

(h) 配布先　研究報告書の配布先を記し，その部署へ配布する．具体的な配布先は上司と相談するとよい．

④ 社内報告書(概報)の例

次ページに，第11章（11.3節）の事例を使って，それを企業の研究開発とした場合の概報の例を示す．内容は第14章の発表要旨と同じであるが，趣が大きく異なることがわかるだろう．書く目的が異なるからである．

ここでは研究担当者を「技術開発課　小野聡子」，上司は「技術開発課長」，関係部門は「生産技術課」，「品質保証課」と「商品企画課」とした．

17.3.2　実験・調査・シミュレーション報告書

実験や調査・シミュレーション結果を簡潔に報告するときは「実験報告書」「調査報告書」「シミュレーション報告書」という文書を使う．

概報の例

<table>
<tr><td>提出先
技術開発
課長殿</td><td>新規プロセスによる材料トギコンαの作製と機能性材料への応用　第3報　水溶液プロセスによるトギコンαの作製，構造および物性解析</td><td>上司
押印欄</td></tr>
<tr><td rowspan="3">配付先
生産技術課長殿
品質保証課長殿
商品企画課長殿</td><td>報告者
技術開発課　○小野聡子，中島洋</td><td>2015.4.10</td></tr>
<tr><td colspan="2">キーワード：トギコンα，トギコンα(400)，水溶液プロセス
結晶構造，物性β，耐熱性</td></tr>
<tr><td colspan="2">新規水溶液プロセスにより，トギコンαとその 400℃焼成試料トギコンα(400) を作製した．
これらの結晶構造はＡＡＡ型である．100℃における物性β（加熱して測定）の変化は，比較試料より小さく，耐熱性に優れている．高耐熱性機能性材料として応用することを提案する．

本研究の目的は，新規プロセスにより機能性材料トギコンαを作製し，それを耐熱性に優れた機能性材料として応用することである．開発ターゲットは電子部品 EXP および自動車部品 ABD 用材料である．本報告は，新規水溶液プロセスによりトギコンαとその 400℃焼成試料トギコンα(400) を作製し，結晶構造と高温 (100℃) 下での耐熱性を調べたものである．
トギコンαは原材料ザクロス A から水酸化物を経由して作製された．次いで，それを 400℃で焼成してトギコンα(400)を得た．また従来プロセスで比較試料トギコンα(比較)とトギコンα(比較)(400) を作製した．
トギコンαとトギコンα(400)の結晶構造は AAA 型であった．
上記試料を 100℃の加熱下で物性βを測定した．新規プロセスで作製したトギコンαとトギコンα(400) では，物性βの変化は小さいが，比較試料の変化は大きい(図)．したがって，新規プロセスにより作製したトギコンα，特に 400℃で焼成したトギコンα(400)の耐熱性が良好であると判断される．今後これらを高耐熱性機能性材料として応用したい．

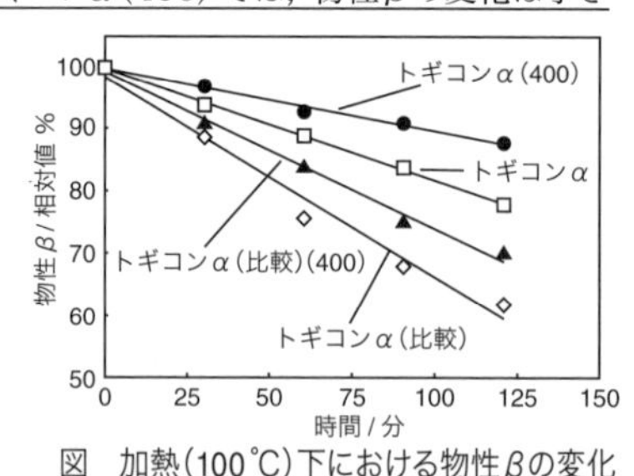

図　加熱(100℃)下における物性βの変化</td></tr>
</table>

① スタイル

報告内容の構成は 2 種類ある．ひとつは概報と同じく結論または概要を最初に置き，次いで実験・調査・シミュレーションの目的，それらの内容と結果を記すもの．もうひとつは結論や概要を置かないものである．前者の例を図 17.2 に示した．

報告書は 1 枚にまとめるのが基本である．報告内容が多く，研究報告書の詳報にあたるものがある場合は，この報告書の後ろに付ける．

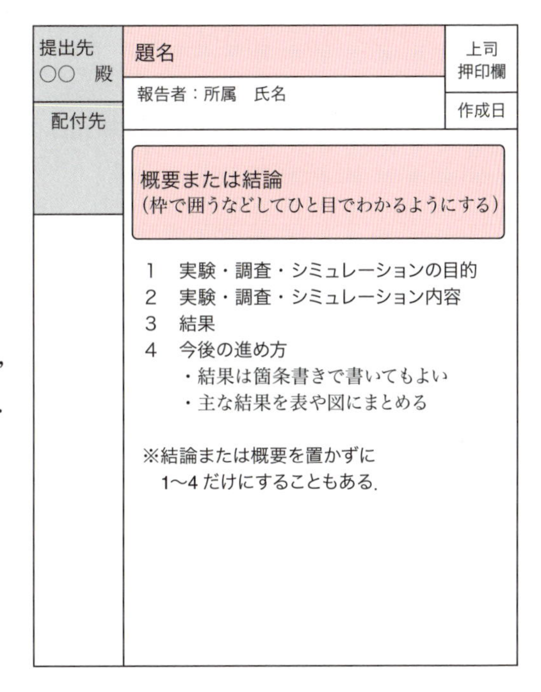

図 17.2　実験・調査・シミュレーション報告書のスタイル例

② 書き方

(a) 題名　実験目的と内容がわかるように記す．つまり，これまで何度も述べているように，主題とトピックスを盛り込む．

(b) 所属と担当者（著者）　所属は，実験などの担当者が所属している部署名であり，氏名は実験の担当者である．複数いればその人たちの氏名も記す．報告書作成者には○印を付ける．

(c) 提出先　報告書の提出先である．上司へ提出することが多いが，他部署からの依頼だと，依頼元へ提出する．

(d) 回覧先　必要部署に配布する．判断できないときは上司に指示をあおぐ．

(e) 内容　行ったことの結果を記す．重要な結果はマークするなどして，読み手に注目してもらえるように工夫する．依頼されて行った実験などなら，依頼事項は何かを明記してから，結果を記す．

③ 実験報告書の例

以下に実験事例を使って説明する．技術開発課はトギコン α (400) を高耐熱性機能性材料として応用しようと考えている．物性 β の耐熱性試験方法を確立するために，品質保証課に試験方法を依頼した．そこで，品質保証課はまず物性βの温度依存性を調べた．その実験結果を報告する．品質保証課の担当者は河合孝であり，依頼元は技術開発課長である．技術開発課の担当者は小野聡子である．

実験報告書例

提出先 技術開発 課長殿	トギコンα(400)の温度を変えて測定した物性βの変化	上司 押印欄
配付先 品質保証課長殿 商品企画課長殿 技術開発課 小野殿	報告者：品質保証課　河合孝	2015.4.20

結論
トギコンα(400)の物性βは温度により変化し，高温になると物性β値はより低下した．今後市場での使用温度を調査して，耐熱試験方法を提案する．

1．実験の目的
技術開発課（担当者：小野聡子）より依頼を受け，トギコンαの耐熱試験方法を検討する．まず，トギコンαの温度による物性βの変化を調べた．

2．実験内容
トギコンα(400)（試料は技術開発課より提供）の物性βを，室温，100，150および200℃加熱下で0～120分まで測定した．測定は物性β測定機ACH-2型（東洋機器）を用いた．

3．結果
物性βの温度に対する時間変化を図に示す．物性βは温度上昇に対応して低下した．したがって，耐熱試験では試験温度が重要であると考えられる．

4．今後の進め方
今後，トギコンαの市場での使用温度を調査し，試験温度と試験方法を提案する．

室温
100℃
150℃
200℃
技術開発課データ
物性β / 相対値 %
時間 / 分

図　加熱温度によるトギコンα(400)の物性βの時間変化

17.3.3　会議議事録

会議を開いたら必ずすみやかに「会議議事録」を書き，関係者(出席者，その上司と関連部署の責任者）に配付する．議事録はできれば会議終了と同時に完成していることが望ましい．その場で出席者全員の同意を求めることができるからである．特に，他部署にわたる決定事項を決めたときは，議事録で内容を確認しておく．このようなとき，議事録のスタイルが決まっていると書きやすく便利である．

① スタイル

会議議事録のスタイル例を図 17.3 に示す．題名，報告者の所属と氏名，報告内容からなる．

② 書き方

(a) 題名　何を目的として会議を開いたのかわかるように記す．何かを決めるのか，情報を伝達するためか，などである．

(b) 所属と氏名　報告者の所属と氏名を記す．報告者は会議主催部署の担当者である．

(c) 提出先　会議主催部署の長に提出する．技術開発課が開いたのなら技術開発課長へ提出する．

(d) 配布先　必要部署に配布する．少なくとも会議参加者とその上司には配付する．

(e) 報告内容　議事録に書くべき内容は，次のよ

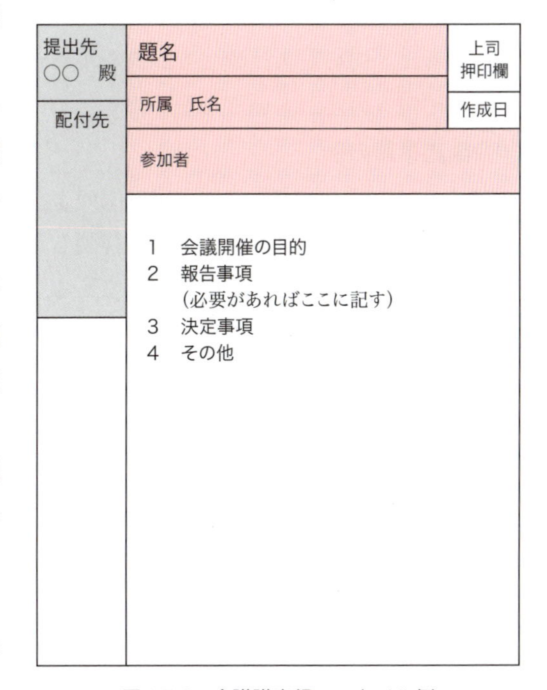

図 17.3　会議議事録のスタイル例

うなことである．

<table>
<tr><td colspan="2">会議開催の目的</td></tr>
<tr><td>（何かを決定したい会議）
→決定したい事項</td><td>（情報伝達のための会議）
→情報の種類と伝達対象</td></tr>
<tr><td colspan="2">報告事項：もしあれば，目的の次に記す</td></tr>
<tr><td>決定事項：目的に対応した決定事項
※多部署が集まる会議では決定事項を担当する部署も多くなる．そのときは，どの部署が何を担当するかも明記する．</td><td>個々に伝達する情報の概要を記す．</td></tr>
<tr><td colspan="2">その他：特記すべき事項があれば記す．</td></tr>
</table>

要するに，何のために集まり，何を決めたのか，それは誰が担当し，いつまでに行うのか，ということを書く．

③会議議事録の例

次ページに例を示す．この会議は次のような場面で開かれたとする．

技術開発課で新規プロセスにより作製したトギコンα（400）は，耐熱性の良好な機能性材料として応用可能である．また，品質保証課でトギコンα（400）の耐熱試験方法を検討している．商品企画課では応用分野として電子部品EXPと自動車部品ABDへの応用を検討している．両部品とも当社にとっては新規市場である．

そこで，商品企画課が電子部品EXPと自動車部品ABDの市場における使用温度と温度スペックを調査して，関係者と会議を開いて開発品の耐熱性スペックと耐熱試験温度を決定した．会議の主催は商品企画課(担当者：石川翔)である．

会議議事録例

<table>
<tr><td>提出先
商品企画
課長殿</td><td>トギコンαの耐熱性スペックおよび耐熱試験
温度について</td><td>上司
押印欄</td></tr>
<tr><td rowspan="3">配付先
技術開発課長殿
技術開発課
小野殿
生産技術課長殿
品質保証課長殿
品質保証課
河合殿
営業課長殿</td><td>報告者
商品企画課　石川翔</td><td>2015.5.15</td></tr>
<tr><td colspan="2">参加者(敬称略)
技術開発課長，技術開発課　小野，品質保証課長，
品質保証課　河合，商品企画課長，商品企画課　渡瀬　石川</td></tr>
<tr><td colspan="2">1．会議開催の目的
電子部品 EXP および自動車部品 ABD の市場における使用温度と温度スペックにもとづき，トギコンαの耐熱性スペックと耐熱試験温度を決定する．
2．報告事項
商品企画課より，電子部品 EXP および自動車部品 ABD の使用温度と温度スペックの調査結果を報告した．
電子部品EXPの使用温度は通常は50 ℃以下である．温度スペックは −20 ～ +70 ℃で物性βの変化が ±10% 以内/年である．また，自動車部品 ABD のそれらは，それぞれ通常は 100 ℃以下であり，スペックは −30 ～ +150 ℃で物性βの変化が ±5%/年以内である．
これらの部品はトギコンαが組み込まれる商品候補であり，当社にとっては新規市場である．
3．決定事項
1) トギコンαは第一段階として電子部品 EXP への応用を検討する．今後，開発会議での提案に向けて，商品企画課は営業課と調整する．
2) その温度スペックを，−20 ～ +70 ℃で物性βの変化が ±10% 以内/年とする．開発担当は技術開発課とする．
3) 耐熱試験温度は 100 ℃とする．試験時間は今後検討する．担当は品質保証課とする．
以上</td></tr>
</table>

これまでこの本で説明してきた理系のための文章術をフル活用して社会人になってからもますますよい文章を書き，同僚，上司，関係者の理解と信頼を得られるようになってほしい．

◆逆引き索引

レポートや論文を書くことになった

さらにわかりやすく書くコツを知りたい

発表をすることになった

企業に入ってから

■著 者

西出 利一（にしで としかず）

1950年石川県生まれ．金沢大学理学部卒業，東北大学大学院理学研究科修了．小西六写真工業（株）（現コニカミノルタ），日産自動車（株）を経て，1997年より2015年まで日本大学工学部応用生命化学科教授．現在，日本大学名誉教授．理学博士．専門分野は無機材料・物性．著書に『ゾル-ゲル法の最新応用と展望』（シーエムシー出版，分担執筆），日本熱測定学会編『熱量測定・熱分析ハンドブック 第2版』（丸善，分担執筆）などがある．

理系のための文章術入門

作文の初歩から，レポート，論文，プレゼン資料の書き方まで

2015年3月10日 第1刷 発行
2024年9月10日 第9刷 発行

著 者 西出 利一
発行者 曽根 良介
発行所 （株）化学同人

〒600-8074 京都市下京区仏光寺通柳馬場西入ル
編 集 部 TEL075-352-3711 FAX075-352-0371
企画販売部 TEL075-352-3373 FAX075-351-8301
振 替 01010-7-5702
e-mail webmaster@kagakudojin.co.jp
URL https://www.kagakudojin.co.jp
印刷・製本 （株）シナノパブリッシングプレス

検印廃止

ISBN978-4-7598-1596-2

重要ポイント集

● 利用できる典型的表現 (p.65)

事実文 説明文	～は……である（であった）.
定義文	～は……と定義される. ～を……とおく（する，呼ぶ）. ～（と）は……である.
目的文	～の目的は……である. ～が目的である.
引用文	～は……ことを報告した. ～は……と述べた. ～によると……という.
解析文	～は（を）……によって（を用いて）調べた（測定した，測定された，解析した，解析された）. ～には（では）……が観測（観察）された. ～は……であると（に）帰属された.
判断文 結論文	～は……による（である）と考えられる（判断される）. ～は……であることがわかった. ～は……である（であった）. ～は……による.
提起文	～は……だろうか. ～は何だろうか. ～について考察する（研究する，検討する）. 今後，～が必要である（するべきである）. 今後，～についての研究（検討）が期待される.
アピール文	～は……を発見した（見いだした）. ～は……に成功した. ～は注目されている（注目を浴びている）.